기술선생님이 들려주는

10대를 위한

궁금한 친환경·생명 기술의 세계

이동국 · 한승배 · 오규찬 · 오정훈 · 심세용 **지음**

05

ORGANIC

(주) 삼양미디어

궁금함이 많은 10대에게
기술 선생님이 들려주는
친환경 · 생명 기술 이야기

우리는 스마트폰을 통해 멀리 있는 사람과 얼굴을 보며 대화하고, 인터넷을 통해 원하는 정보를 즉시 얻을 수 있습니다. 제조 기술의 발달로 우리가 쓸 수 있는 물건들이 넘쳐나고, 수송 기술의 발달로 자신이 원하는 곳까지 신속하게 이동할 수 있습니다. 우리 인간은 지난 100여 년 동안 화석 에너지를 이용하여 급속도로 발전하였고, 이를 바탕으로 쾌적하고 편리한 삶을 누리고 있습니다. 그러나 이러한 문명의 이기 뒤에는 자원의 고갈과 환경 파괴가 있습니다. 제품을 개발하기 위해서 많은 자원을 활용해야 하고, 기술의 발달은 자원 소비량을 더욱 확대시키고 있습니다. 그 결과 지구 온난화, 이상 기후 현상, 물 부족 현상 등 인류의 생존과 관련된 문제가 발생하고 있습니다.

인류는 이러한 문제를 해결하기 위해 새로운 기술을 개발하고 있지만, 그 개발로 인하여 또 많은 자원이 소비됩니다. 즉 인류는 어떤 개발 방법을 선택할 것인가에 대한 갈림길에 서 있습니다. 현명한 선택을 위해서는 그동안의 발전이 불러온 환경 파괴와 피해를 분명하게 인식하고, 이에 대처하기 위해 친환경 기술과 친환경 에너지에 대해 이해할 필요가 있습니다. 1, 2, 3단원을 읽으면서 여러분들은 앞으로 인류가 어떤 방식으로 기술을 발전시켜야 할지 생각해 보기를 바랍니다.

　　4, 5단원은 생명 기술을 다루고 있습니다. 인간의 여러 가지 소망 중 하나는 건강하게 오래 사는 것입니다. 인류는 생존을 위해 끊임없이 생명 기술을 발전시켜 왔습니다. 음식을 오랫동안 보존하기 위해 발효 기술을 발전시켰으며, 질병 퇴치를 위해 백신과 항생제를 개발하였습니다. 그리고 현재는 동물 복제, 유전자 재조합 등 생명 기술의 새로운 전기를 마련하고 있습니다.

　　이러한 생명 기술은 식량 자원을 풍족하게 하고, 인간의 수명을 연장시켜 주고 있지만, 잘못 활용하게 되면 생명 윤리 문제, 생태계 파괴 등의 부작용이 발생할 수 있습니다. 예를 들면, 무분별한 유전자 재조합 식품(GMO)은 예측하지 못한 문제점을 일으킬 수 있고, 새로운 품종의 출현으로 생태계를 교란시킬 수 있습니다. 그리고 복제 기술은 인간을 복제하여 인간의 존엄성을 훼손시킬 수 있습니다. 4, 5단원을 읽으면서 여러분들은 인류가 생명 기술을 어떻게 활용해야 할지 생각해 보고, 올바른 생명 윤리나 가치관을 고민해 보기를 바랍니다.

저자 일동

CONTENTS

I 환경 오염

II 친환경 기술

III 친환경 에너지

IV 생명 기술의 과거와 현재

생명 기술의 미래와 윤리

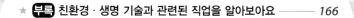

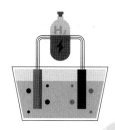

최근 100년 동안 급속한 산업화의 진행으로 지구가 몸살을 앓고 있습니다. 자동차나 공장에서 뿜어내는 매연은 공기를, 폐수와 오수는 물을, 중금속이나 각종 쓰레기는 토양을 오염시키고 있습니다. 이런 오염으로 인해 그 땅에 사는 동물과 식물이 피해를 받으며, 그 피해는 다시 우리 인간에게 피해를 주고 있습니다.

이 단원에서는 인간의 탐욕으로 발생하는 환경 오염이 우리가 살고 있는 지구에 어떠한 영향을 주는지 알아보고, 환경 오염을 사전에 예방할 수 있는 대책을 생각해 보겠습니다.

환경 오염

01 지구 온난화

여러분은 텔레비전이나 책에서 북극곰이 물 위에 떠 있는 빙산 위에서 외롭게 서 있거나 폭염과 폭설 등의 자연재해로 사람들이 고통 받는 모습을 본 적이 있을 것이다. 이처럼 이상 기후 변화가 빈번하게 일어나는 이유는 무엇일까?

지구 온난화란 지구의 기온이 높아지는 현상이다. 지난 133년 간(1880~2012년) 지구의 연평균 기온은 0.85℃ 상승했고, 바닷물의 높이는 20㎝ 가량 높아졌다. 얼핏 보기에는 큰 변화가 없는 것 같지만, 이러한 변화는 우리가 살아가는 환경에 여러 가지 문제를 일으키고 있다.

🖉 과거 1만 년 동안 지구의 온도가 약 1℃ 상승한 것에 비하면, 이는 엄청난 변화이다.

지구 온난화의 원인

ThinkGen
온실가스 배출량은 계속해서 증가하고 있다. 온실가스를 줄일 수 있는 방안에는 무엇이 있을까?

지구 온난화는 주로 온실가스 때문에 발생하는데, 온실가스란 지구 대기를 오염시켜 온실 효과를 일으키는 가스를 통틀어 일컫는 말이다. 지구 온난화의 발생 원리는 비닐하우스의 온실 효과 원리와 비슷하다. 즉 태양에서 지구로 오는 빛 에너지 중 일부는 지표면에 도달하고, 지표면에서는 적외선의 형태로 빛을 다시 방출하게 된다. 이때, 온실가스가 적외선의 일부를 외부로 빠져나가지 못하게 가둠으로써 지구 표면의 온도가 비정상적으로 올라가 온실 효과가 발생한다.

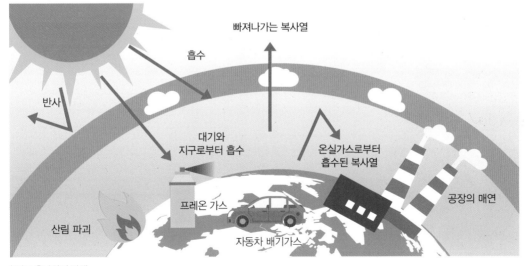

| 지구 온난화의 발생

세계기상기구(WMO)와 유엔환경계획(UNEP)이 공동으로 설립한 유엔 산하 국제 협의체인 IPCC에서는 6대 온실가스로 이산화 탄소(CO_2), 메테인(CH_4), 이산화 질소(N_2O), 수소불화탄소(HFC_5), 과불화탄소(PFC_5), 육불화황(SF_6)을 규정하였다. 이산화 탄소는 주로 화석 에너지를 연소할 때 발생하며, 메테인은 음식물 쓰레기, 가축의 분뇨, 가축의 트림 등에서 많이 발생한다. 그 외는 주로 에어컨의 냉매, 반도체 생산 공정 등에서 발생한다.

지구 온난화의 피해

해수면의 상승 지구 온난화로 인한 대표적인 피해 사례는 해수면의 상승이다. 특히 남태평양 피지에서 북쪽으로 약 1,000㎞ 정도 떨어진 곳에 위치한 투발루의 문제는 매우 심각하다. 이 섬은 해수면이 상승함에 따라 국토가 물에 잠기기 시작했고, 지하수는 염분이 높아 마실 수 없으며, 토양은 염분화가 진행되어 나무들이 서서히 죽어 가고 있다. 이 때문에 사람들이 살기 어려운 환경이 되었고 여러 나라로 이민을 가고 있다.

🖋️ 바닷물의 표면

🖋️ 지구의 기후 변화에 대처하기 위해 설립된 유엔 산하 국제 협의체
IPCC의 2021년 기후 변화 보고서에 따르면 해수면 상승 속도는 산업화 이전보다 약 2.85배 증가하였다.

질문이요 투발루의 위기는 투발루에 사는 사람들의 잘못 때문일까?

환경부 온실가스종합정보센터의 '국가 온실가스 인벤토리 보고서(2019년)'에 따르면 2016년 국가별 온실가스 배출량 순위는 중국, 미국, 인도, 러시아, 일본 등 주요 산업 국가에서 배출이 이루어지고, 투발루와 같은 산업 시설이 빈약한 나라는 이산화 탄소를 거의 배출하지 않는다. 다른 나라에서 내뿜는 온실가스로 인해 아무런 잘못도 없는 투발루와 같은 섬나라 사람들이 피해를 보고 있는 것이다.

| **가라앉고 있는 투발루** 국토의 최대 폭이 400m, 최대 해발 고도가 5m인 산호섬 투발루는 해수면의 상승으로 사라질 위기에 처해 있다.

토양의 사막화　인간의 무분별한 경작과 방목, 지구 온난화로 '토양의 사막화'가 진행되고 있다. 토양의 사막화란 지구가 점차 건조해지면서 토양에서 식물이 더 이상 자라지 못하는 사막처럼 변하는 현상을 말한다. 최근 국제 연합(UN)의 발표에 의하면 대략 100여개국에서 사막화가 진행되고 있으며, 이러한 토양의 사막화는 약 10억 명의 생존을 위협할 것이라고 경고하였다.

현재 사막화로 가장 큰 어려움을 겪고 있는 지역은 사하라 사막 남부의 사헬 지대이다. 이곳은 1960년대부터 사막화가 진행되고 있으며, 가뭄이 겹쳐 동물과 식물들이 살 수 없는 땅이 되었다. 1980년대에는 사막화가 광범위하게 진행되어 수백만 명의 사람이 사망하기까지 하였다.

| 사헬 지대의 사막화

사막화의 원인은 크게 두 가지로 볼 수 있는데, 첫째는 기후 변화와 지구 온난화 때문이다. 지표면의 온도가 점차 상승하여 토양의 수분이 증발하면서 생물이 살아가기 힘든 지역으로 바뀌고 있다. 둘째는 지나친 방목과 벌목 때문이다. 이 지역의 인구가 증가함에 따라 더 많은 고기와 우유가 필요했다. 이를 얻기 위해서는 가축을 키워야 하는데, 이 가축들을 방목하여 키우기 위해 넓은 목초지가 필요했으며 가축들에 의해 목초지는 빠르게 감소되어 갔다. 또, 땔감을 얻기 위해 지나친 벌목이 이루어지는 등 여러 요인이 결합되어 사헬 지대는 사막화가 진행되었다.

이상 기온 현상　이 현상은 기온이나 기후가 평균보다 급격하게 변화되는 것을 말한다. 2013년 중국의 상하이는 140년 만에 가장 더운 여름을 보냈다. 한낮의 기온이 40℃가 넘을 정도로 뜨거웠고, 평균 기온도 매우 높아서 열사병 환자와 탈수증 환자가 속출하였다. 이상 기온 현상은 우리나라에서도 발생하고 있다. 2013년, 기상청의 이상 기후 보고서에 따르면 2012년 한 해 동안 한파와 폭염·장마·가뭄 등의 이상 기후가 빈번하게 발생하였다고 한다. 1월에는 평균 최저 기온이 영하 11.1℃로 1973년 이후 가장 낮았으며, 여름에는 49일 간의 긴 장마로 1973년 이후로 가장 많은 비가 내렸다고 한다. 또, 폭염으로 1,195명이 온열 질환을 앓았고, 가축 200여만 마리가 폐사했다.

지구 온난화 방지를 위한 노력

첫째, 온실가스의 배출을 줄여야 한다. 온실가스는 주로 화석 에너지의 사용으로 발생하므로 화석 에너지의 사용을 줄여야 한다. 그러나 이는 산업·경제·사회에 많은 영향을 미치게 되므로 적절한 협의점을 찾을 필요가 있다.

둘째, 친환경 기술을 도입하여 신재생 에너지를 적극 활용하고, 에너지의 효율을 높일

🔑 신에너지와 재생 에너지를 합쳐 부르는 용어로 태양열, 풍력, 수력, 지열, 조력 등이 있다.

수 있는 방안에 대해 많은 연구와 노력을 해야 한다.

셋째, 일상생활에서 개개인이 에너지 사용량을 줄이려고 노력하는 태도를 가져야 한다.

ThinkGen
지구의 허파라고 불리는 아마존의 밀림이 사라진다면 어떤 문제가 발생할까?

| 숲이 줄어들고 있는 아마존의 밀림

아하
그렇구나

지구의 평균 온도가 오르면 어떤 일이 발생할까?

영국의 일간지 가디언에서는 지구의 평균 온도가 1℃씩 오를 때 마다 발생할 수 있는 상황을 다음과 같이 예측하였다.

• 평균 온도가 1℃ 오르면 알프스에 있는 눈이 녹아내려 대규모의 산사태가 발생하고, 해양 생태계가 크게 파괴될 것이다.
• 평균 온도가 3℃ 오르면 아마존의 대규모 밀림은 화재로 사라지고 사막화가 진행될 것이다.
• 평균 온도가 6℃ 오르면 지구 생명체의 90% 이상이 사라지게 될 것이다.

02 대기 오염

🔍 주로 봄철에 중국이나 몽골의 사막에 있는 모래와 먼지가 편서풍을 타고 멀리 날아가 가라앉는 현상

"오늘은 황사와 미세 먼지가 많을 것으로 예상됩니다. 어린이와 노약자는 외출을 자제하기 바랍니다." 우리는 봄이 되면 텔레비전의 일기 예보에서 황사와 미세 먼지의 피해에 주의할 것을 당부하는 방송을 자주 볼 수 있다. 그런데 황사나 미세 먼지는 왜 발생하는 것일까? 그리고 스모그 현상과 실내 공기 오염이 우리에게 끼치는 영향은 무엇일까?

황사와 미세 먼지

최근 중국에서 불어오는 황사와 미세 먼지에 대해 사회적 관심이 높다. 황사에는 중국의 황토와 사막 지대의 토양 성분이 많이 포함되어 있고, 미세 먼지에는 중국의 공장, 자동차 등에서 발생한 황산염, 암모늄 등의 이온 성분과 탄소 화합물, 금속 화합물 등의 광물 성분이 많이 포함되어 있다.

중국에서 불어오는 불청객 황사와 미세 먼지는 중국의 급격한 산업화와 도시화 때문에 발생해요.

| 미세 먼지로 뒤덮인 중국의 출근길

황사와 미세 먼지에는 중금속 물질과 곰팡이, 세균 등이 많아 호흡기·눈·피부 등에 다양한 질병을 일으키고 있으며, 최근에는 다량의 발암 물질도 함유된 것으로 확인되고 있다. 특히 미세 먼지는 한 번 몸 안에 들어오면 걸러 내지 못하므로 세계보건기구(WHO)에서 '조용한 살인자'라고 부를 정도로 위험한 물질이다. 초미세 먼지의 경우 하루 평균 농도가 10[$\mu g/㎥$] 증가하면 사망 발생 위험이 0.44% 증가하고, 65세 이상의 고령자는 심혈관 질환으로 사망할 위험이 크게 증가한다고 경고하고 있다.

현대 사회는 산업화와 도시화를 위해서는 화석 에너지를 사용할 수밖에 없다. 그러나 이는 자국의 대기 오염은 물론, 이웃 나라에까지 큰 피해를 줄 수 있으므로 지금이라도 화석 에너지의 사용을 줄이기 위한 노력을 해야 한다.

스모그 현상

스모그(smog)는 연기(smoke)와 안개(fog)의 합성어로 대기 속의 오염 물질과 안개가 뒤섞여 대기를 뿌옇게 만드는 현상이다. 스모그의 대표적인 피해 사례로는 '런던형 스모그'와 'LA형 스모그'가 있다.

사례1 런던형 스모그

1952년 런던의 테임즈강 유역에서 발생한 스모그는 공장의 매연과 가정에서 난방을 하면서 배출된 아황산가스가 결합되어 발생하였다.

배출된 연기와 짙은 안개가 혼합되면서 스모그를 형성하였고, 연기 속에 있던 아황산가스가 황산 안개로 변하여 런던 시민들에게 치명적인 영향을 주었다. 이 스모그로 인해 2주 동안 약 4,000여 명이 사망하였고, 그 후 2개월 동안 8,000여 명이 추가적으로 사망하였다. 사망의 원인으로는 천식, 기관지 확장증, 심장 질환 등이었다. 영국에서는 이 사건을 계기로 대기 오염에 대처하기 위해 1956년 청정공기법을 제정하여 특정 지역에서의 석탄 사용을 금지하였다.

| 런던형 스모그의 발생

아하 그렇구나

일반 마스크와 황사 마스크의 차이는?

1μm(마이크로미터)는 100만분의 1m

황사 입자의 크기는 0.01~100μm로 다양한데, 우리가 일상에서 흔히 쓰는 일반 마스크는 섬유 조직 사이의 틈이 10μm 정도 되기 때문에 작은 입자의 황사는 그냥 통과한다. 그런데 황사 전용 마스크는 일반 마스크와 달리 섬유가 무작위로 얽혀 있고 2중, 3중으로 조직되어 있어, 10μm 보다 작은 미세 먼지도 걸러 낼 수 있다. 황사 마스크는 한 번 사용하면 기능이 크게 떨어지므로 다시 사용하지 않는 것이 좋다.

| 황사 마스크

| 황사 마스크의 섬유 조직

사례2 LA형 스모그

1943년 미국의 LA에서 자동차의 배기가스 속에 함유된 탄화수소와 질소산화물의 혼합물이 태양빛에 의해 광화학 반응을 일으켜 연한 갈색의 스모그를 발생시켰다. 이렇게 발생한 스모그는 대부분 LA 시민들의 눈, 코, 기도, 폐 등의 점막에 자극과 불쾌감을 주었다. LA형 스모그는 '광화학 스모그'라고도 하며, 차량이 많고 인구가 밀집한 대도시 지역의 대기 오염으로 인해 주로 발생한다.

질문이요 스모그의 발생을 줄이기 위해서는 어떤 대책을 세워야 할까?

- 저공해 에너지인 천연가스를 사용한다.
- 학교나 가정에서 전기와 에너지를 최대한 아껴서 사용한다.
- 자동차 배기가스를 줄이기 위해 가까운 거리는 걸어서 다니고 대중교통을 이용한다.
- 발전소나 공장에서는 아황산가스의 배출을 줄여야 하고, 집진기 등을 설치하여 분진의 배출량을 감소시킨다.

  ↳ 공기 속의 먼지를 모으는 장치로 공기를 맑게 한다.

 아하 그렇구나

런던형 스모그와 LA형 스모그의 차이는?

구분	런던형 스모그	LA형 스모그
발생 원인	아황산가스, 안개	질소 산화물, 탄화수소
색깔	짙은 회색	연한 갈색
발생원	난방 연료(석탄)	자동차(석유)
발생 시기	밤	낮
피해	사람의 호흡기, 부식	사람의 눈, 식물

| 스모그의 원인이 되는 공장과 자동차에서 나오는 매연

실내 공기 오염

우리는 교실에서 수업을 듣고, 버스나 지하철을 타고 이동하며, 독서실이나 학원에서 공부를 하는 등 많은 시간을 실내에서 지낸다. 따라서 실내 공기가

ThinkGen
새집 증후군이 무엇인지 조사해 보고 자신이 경험한 적이 있다면 몸에 어떤 현상이 일어났는지 서로 이야기해 보자.

오염되면 우리의 건강에도 나쁜 영향을 끼치게 되는데, 주요 오염 물질로는 분진, 연소 가스, 폼알데하이드, 휘발성 유기 화합물 등이 있다.

분진은 미세 먼지의 일종으로 사람의 호흡기에 들어오면 각종 호흡기 질환과 진폐증을 일으킬 수 있으며, 연소 가스는 주로 난방이나 요리를 할 때 발생하는데 호흡 곤란·폐렴·기관지염 등을 유발한다. 최근 사회적으로 가장 문제가 되고 있는 것이 건축 자재를 통한 오염 물질의 배출이다. 특히 단열재나 접착제 등에서 발생하는 폼알데하이드는 눈·코·목 등에 자극을 주고, 피부 질환이나 기억력 상실 등의 문제를 일으킨다. 또 휘발성 유기 화합물은 주로 페인트나 건축 내장재에 많이 포함되어 있는데, 인체에 오래 노출될 경우 만성 중독을 일으킨다. 실내 공기를 주기적으로 환기시키고, 공기 정화에 좋은 식물 등을 키우면 공기 오염을 줄이는 데 도움이 된다.

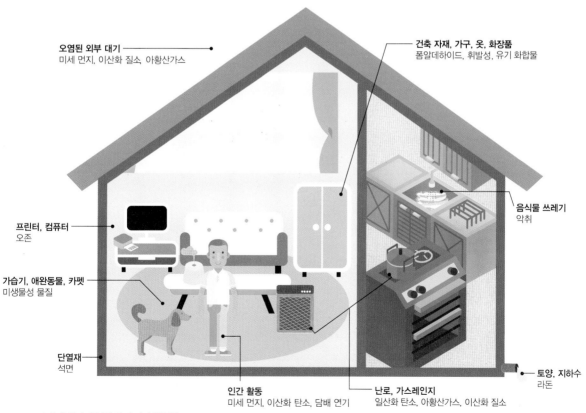

오염된 외부 대기
미세 먼지, 이산화 질소, 아황산가스

건축 자재, 가구, 옷, 화장품
폼알데하이드, 휘발성, 유기 화합물

프린터, 컴퓨터
오존

음식물 쓰레기
악취

가습기, 애완동물, 카펫
미생물성 물질

단열재
석면

토양, 지하수
라돈

인간 활동
미세 먼지, 이산화 탄소, 담배 연기

난로, 가스레인지
일산화 탄소, 아황산가스, 이산화 질소

| 실내 공기 오염의 여러 가지 원인들

O3 토양 오염

우리 인간은 생명 유지에 필요한 에너지의 많은 부분을 토양에서 얻고 있다. 즉 우리의 주식인 쌀에서부터 과일, 채소 등 땅에서 나는 식물, 그리고 그 식물을 먹고 자라는 동물을 섭취하면서 에너지를 얻고 있다. 그런데 인간이 살아가는 데 꼭 필요한 에너지를 공급해 주는 토양이 오염되면 인간들은 어떤 피해를 입게 될까?

중금속, 농약, 산업 폐기물 등에 의해 토양 오염이 발생하는데, 그에 따른 피해를 알아보고 토양 오염을 방지하기 위해 어떤 노력을 해야 할지 생각해 보자.

중금속에 의한 오염

중금속은 납, 수은, 카드뮴, 주석, 아연 등과 같이 무거운 금속 원소를 말한다. 중금속은 주로 공장의 폐수에서 토양으로 유입되는데, 잘 분해되지 않는 특성으로 인해 토양에 오랜 기간 남게 된다. 이렇게 오염된 토양에서 자라는 식물에 중금속이 축적되고, 먹이 사슬의 최상위에 있는 인간들은 의도하지 않아도 중금속 섭취에 자유롭지 못하다. 중금속은 미량이라도 인간의 체내에 들어오면 잘 배출되지 않고, 몸속에 쌓여서 여러 가지 질병과 부작용을 일으키는 원인이 된다. 예를 들면, 중금속이 인체에 쌓이게 되면 저혈압, 혼수상태, 중추 신경 마비, 암 등을 일으킬 수 있다. 아울러 중금속에 오염된 토양은 쉽게 복구되지 않기 때문에 최근에는 이러한 심각성을 인지하고 중금속을 제거하기 위한 여러 가지 연구가 진행되고 있다. 대표적으로 포플러 나무의 유전자 형질을 변형하여 주변의 중금속을 흡수시켜 토양을 정화하는 사례 등이 있다.

| 건전지에는 납, 카드뮴 등의 중금속 물질이 다량 함유되어 있으므로 폐건전지는 반드시 지정된 장소에 버려야 한다.

농약에 의한 오염

농작물에 농약을 사용하게 되면서 생산량이 획기적으로 증가하고, 병충해로 인한 피해를 사전에 예방할 수 있게 되었다. 하지만 농약을 살포하는 과정에서 유해한 물질이 그대로 토양에 흡수되면서 토양의 산성도가 높아지고 토양의 질도 떨어뜨리고 있다. 더불어 식물로 흡수되는 농약 속에는 중금속과 같은 유해한 물질이 많기 때문에 그 물질을 인간이 먹을 경우에는 심각한 질병을 일으킬 수도 있다.

| 병충해 방지를 위해 사용하는 농약이 토양 오염의 주범이 되고 있다.
어떤 일에 대하여 좋지 않은 결과를 만드는 주된 원인 ✐

산업 폐기물에 의한 오염

우리는 제조업을 통해 필요한 재화나 상품을 얻지만, 그 과정에서 많은 폐기물이 발생한다. 이 폐기물은 대부분 땅속에 묻히게 되는데, 그 주변의 식물과 지하수를 심각하게 오염시키기는 원인이 된다.

대표적인 사례로, 1947년 미국의 한 화학 회사는 폐기물 2만여 톤을 특정 지

| 폐타이어는 대표적인 산업 폐기물이다.

역에 매립한 후, 아무런 사후 관리를 하지 않았다. 10년 후에 이곳에 학교가 들어서면서부터 이 지역의 학생들은 각종 질병과 정신적인 고통을 겪게 되었다. 그 원인을 찾던 중 심각한 토양 오염의 문제가 발생한 것을 알게 되었다.

우리나라에서도 하루에 배출되는 엄청난 양의 산업 폐기물이 땅속에 그대로 묻히면서 많은 환경 오염을 일으키고 있다. 게다가 이제는 쓰레기를 매립할 지역도 부족하고, 기존의 매립지 인근에 사는 주민들도 강력히 반발하고 있어서 심각한 사회 문제로 대두되고 있다.

토양 오염 방지를 위한 우리의 노력

화학 비료나 농약을 쓰기 않고 유기물을 이용하는 농업 방식

최근에는 토양 오염을 방지하고 건강한 먹거리를 얻기 위해 유기농법이 많은 인기를 끌고 있다. 유기농법은 토양 오염을 방지할 수 있는 대안일뿐만 아니라 농가의 소득도 크게 증대시킬 수 있는 좋은 방법 중 하나이다.

유기농법의 대표적인 사례로는 쿠바의 지렁이 농법이 있다. 쿠바는 1991년 소련의 해체로 경제 지원이 줄어들고, 미국의 경제 봉쇄 조치로 비료와 농약 등의 공급이 원활하지 않게 되자 자급자족을 위해 유기농법으로 체제를 바꾸었다. 오랜 연구 결과 지렁이와

 지렁이가 토양 속의 각종 물질을 섭취해서 소화한 후 배설한 것으로 여기에는 식물이 자라는 데 필요한 영양분이 많이 포함되어 있다.

분변토를 이용한 농법을 개발하였다. 지렁이는 땅속을 돌아다니면서 공기와 빗물을 잘 통과시켜 주는 구멍을 만들어 내고 유익한 미생물을 번식시킨다. 또, 지렁이로부터 나오는 분변토는 산성화된 흙에 영양소를 공급하여 토지를 비옥하게 만들어 주기도 한다.

우리나라에서는 목초액, 마늘 등의 천연 소재를 이용하여 천연 농약을 만들거나, 우렁이에 의한 잡초 제거, 오리의 배설물을 비료로 활용하는 방법 등이 활용되고 있다.

질문이요 토양 오염을 방지하기 위하여 국가, 기업, 가정에서 할 수 있는 것은 무엇일까?

- 국가에서는 환경을 보호할 수 있는 관련 법률을 제정하고, 철저한 관리 감독을 통해 유해 물질이 배출되는 것을 사전에 규제해야 한다.
- 기업에서는 환경 관련 법률을 준수하여 재활용이 가능한 자원을 많이 활용하고, 환경 오염을 최소화시킬 수 있는 생산 과정을 선택해야 한다.
- 가정에서는 일회용품의 사용을 자제하고, 생활 쓰레기를 버릴 때에는 분리 배출을 철저히 해야 한다.

지렁이와 오리를 이용한 유기농법

유기농산물
(ORGANIC)
농림축산식품부

| 유기농산물 인증 마크 2년 이상(다년생 작물은 3년 이상) 유기 합성 농약과 화학 비료를 일체 사용하지 않고 재배한 농산물에만 부착할 수 있다.

| 지렁이 토양을 건강하게 만들어 주는 유익한 동물이다.

| 오리 농법 오리는 잡초를 제거하고, 오리의 배설물은 자연 비료로 사용할 수 있다.

04 수질 오염

물은 인간의 생존을 위해 꼭 필요한 자원이다. 따라서 물이 오염되면 인간의 생활에 큰 영향을 끼치게 된다. 그렇다면 수질 오염의 원인에는 어떠한 것이 있고, 생기는 이유는 무엇일까?

녹조 현상

녹조 현상이란 따뜻한 호수나 유속이 느린 강에 식물성 플랑크톤인 녹조류나 남조류가 급격히 번식하여 물빛이 녹색으로 변하는 것을 말한다. 이 현상으로 녹조가 물의 표면을 물속에서 생장하며 광합성 색소를 갖고 독립 영양 생활을 하는 식물의 한 군을 의미 뒤덮고 있어서 햇빛이 물속으로 투과되지 못하고, 공기 중의 산소도 차단되어 물속에 녹아 있는 산소량도 크게 줄어들게 된다. 이렇게 물속에 녹아 있는 산소량이 줄어들게 되면 물속의 물고기나 식물이 살 수 없는 환경이 된다. 그리고 녹조가 생긴 물은 조류가 독성 물질을 발생시킬 가능성이 있기 때문에 수자원으로 이용할 때 주의가 요구된다.

녹조 현상은 일반적으로 물이 천천히 흐르는 지역에 발생하며, 가뭄으로 물이 마르거나
🖉 논에 물을 대기 위한 수리 시설의 하나로 둑을 쌓아 흐르는 냇물을 막고 그 물을 담아 두는 곳
댐이나 보에 의해 유속이 느려지게 되면 더욱 심각해진다. 녹조 현상을 해결하기 위해 가장 많이 사용하는 방법은 황토를 뿌리는 것인데, 황토를 뿌리게 되면 황토가 녹조와 섞여

바닥으로 가라앉거나 황토가 녹조를 뒤덮어서 녹조에 햇빛이 공급되지 않도록 하여 녹조의 번식을 막게 된다. 하지만 황토를 뿌리는 데 많은 비용이 들뿐만 아니라 또 다른 오염이 발생할 수 있으므로 근본적인 해결 방법은 아니다. 따라서 녹조 현상을 방지하기 위해 물이 알맞게 흐를 수 있도록 수차를 설치하거나 댐과 보의 수문을 열어 물을 적당한 시점에 방류해야 한다.

| 녹조 현상이 심각한 강물

적조 현상이란?

적조 현상은 주로 바다에서 발생하는 것으로 적갈색의 조류가 대량으로 번식하여 바닷물이 붉은빛을 띠게 되는 현상이다. 이 현상은 물속에 영양 물질이 점점 많아지는 부영양화 상태에서 나타나는데, 수온이 높아질수록 더 많이 발생한다. 특히 최근에는 간척 사업을 통해 갯벌이 줄어들면서 부영양화가 더욱 심해지고 있다. 적조 현상이 나타나면 바닷가에서 양식을 하는 사람들에게 큰 피해를 주게 되는데, 적조의 독성 물질에 의해 물고기가 폐사하고 이것을 사람이 먹게 되면 건강을 해칠 수도 있다.

 ↳ 갯벌이나 바다를 메꾸어 농경지나 공업 용지로 바꾸는 사업

기름 유출로 인한 바다 오염

 ↳ 연안 해역에 있는 유전을 통틀어 나타내는 말

바다는 해저 유전이나 선박 사고에 의한 기름 유출의 위험이 늘 함께하는 곳이다. 바다에 기름이 유출되면 물 위에 기름막이 형성되고, 햇빛 투과율이 낮아지면서 바닷속 생물들의 호흡과 광합성 등에 문제가 발생한다. 또한 바다에 서식하는 조류는 물론 갯벌 및 연안 생태계에도 많은 피해를 주게 된다.

사례1 우리나라의 바다에서 발생한 기름 유출 사고

2007년 12월, 충청남도 태안에서 유조선과 일반 선박이 충돌하면서 총 12,547 ℓ 의 원유가 태안 앞바다로 유출되었다. 이 사건으로 태안과 서산의 양식장, 어장 등 약 8,000㏊가 원유에 오염되어 어패류가 폐사하였고, 기름에서 발생한 타르 찌꺼기가 전라남도에서도 발견되었다.

 ↳ 목재나 석탄, 석유 등의 고체 유기물을 공기가 없는 상태에서 높은 온도로 가열할 때 생기는 끈적끈적한 액체

사례2 미국의 바다에서 발생한 기름 유출 사고

2010년 4월, 미국의 멕시코만에서 석유 시추 시설이 폭발하여 약 5개월 동안 원유가 대량으로 유출되는 사고가 발생하였다. 유출된 원유의 양이 너무 많아서 우리나라 면적보다 넓은 기름띠가 형성되었고, 미국 역사상 최악의 환경 재앙 중 하나로 남았다.

 ↳ 석유를 뽑아 올리는 시설

이렇게 바다가 오염되면 인간의 힘으로는 원상 복구가 어렵고, 자연적으로 정화되기 위해서는 적어도 수십 년 이상이 걸린다. 특히 오염된 환경을 회복하기 위해 들어가는 노력과 비용도 매우 크다. 따라서 많은 양의 기름을 싣고 다니는 선박은 항상 안전 규정을 준수하고, 기름이 유출되지 않도록 주의를 기울여야 한다.

| 기름을 뒤집어쓴 오리

방사능 오염

2011년 3월, 일본 동북부 해안에 지진과 쓰나미가 일어나면서 후쿠시마 다이치 원자력 발전소의 전력 공급이 중단되고 핵연료봉이 녹아내려 방사능이 유출되는 재난이 발생하였다. 더 큰 문제는 대부분의 원자력 발전소가 해안 주변에 위치하고 있는 탓에 이곳에서 유출된 방사능이 해류의 흐름에 따라 전 세계로 확산되어 또 다른 피해가 발생하게 되는 것이다. 특히 원자력 발전소 인근의 방사능 오염도를 측정해 보면, 세슘이나 요오드 131이 다른 지역에 비해 수백 배에서 수천 배까지 검출되고 있다. 특히 세슘의 물리적 반감기는 약 30년으로 자연적으로 정화되는 데 오랜 시간이 걸린다. 바닷물이 방사능에 오염되면 물속에 사는 생물에게 직접적인 영향을 끼친다. 이를테면 바다의 생물이 떼죽음을 당하게 되거나 먹이 사슬에 의해 방사능 물질이 물고기의 체내에 쌓이게 되고, 이것을 먹이 사슬의 최상위에 있는 인간이 먹게 되고, 인체에 방사능이 축적되어 또 다른 문제를 일으킨다.

현재 해류의 흐름에 따라 후쿠시마 원자력 발전소 지역의 방사능은 태평양으로 확산되고 있으며, 수년이 지나면 지구 전체에 확산될 가능성도 크다. 바닷물의 방사능 오염은 현재까지 많은 연구가 이루어지지 않아 뚜렷한 대책이나 특정 방안이 없는 것이 더 큰 문제이다.

반감기란?

방사성 물질이 내는 방사선량이 절반으로 줄어드는 데 걸리는 시간으로 반감기는 물질의 종류마다 다르다.

대표적인 방사성 물질의 물리적 반감기
- 방사성 요오드 131 : 8.04일
- 세슘 137 : 30년
- 스트론튬 90 : 30년
- 플로토늄 239 : 24,300년

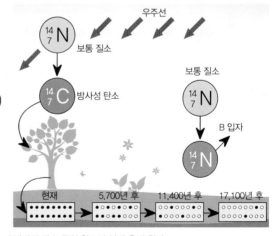

방사성 탄소 동위 원소의 연대 측정 원리

반감기는 주로 어떤 물질의 연대를 측정하는 데 많이 활용되고 있다. 예를 들어, 식물은 광합성을 하기 위해 이산화 탄소와 물을 흡수하기 때문에 모든 식물은 일정한 방사성 탄소를 가진다. 하지만 동식물이 죽을 경우에는 방사성 탄소는 더 이상 공급되지 않고 그 양은 계속 줄어들게 된다. 따라서 방사성 탄소의 양을 측정하여 식물이 서식한 연대를 추측할 수 있는 것이다. 방사성 탄소의 연대 측정법은 고고학이나 생물학 등에서 많이 활용되고 있다.

지하수 오염

우리가 마시는 물은 주로 강물이나 지하수를 통해서 얻는다. 그런데 중요한 수원 중 하나인 지하수가 크게 오염되고 있어서 사람들이 마시는 물의 부족 현상이 갈수록 심각해지고 있다. 지하수가 왜 오염되고 있는지를 살펴보면 지하수 개발 과정이나 공장에서 발생하는 폐수, 농사지을 때 사용되는 각종 비료와 농약, 축산 농가에서 발생하는 가축의 분뇨 등이 정화되지 않은 상태로 주변의 흙으로 스며들고, 이러한 오염 물질 들은 토양층을 지나 대수층으로 유입되어 그 일대의 지하수 대부분을 오염시킨다. 대수층에 흐르는 지하수는 그 양이 많고 광범위하기 때문에 한 번 오염되면 원상 복구가 쉽지 않다. 주변에 사는 사람들이 오염 사실을 모른 채 지하수를 마시게 되면 중금속이 몸에 축적되거나 여러 유형의 질병에 걸리기 쉽다.

최근에는 조류 독감이나 구제역 같은 가축 전염병이 자주 발생하여 그때마다 해당 지역의 가축들을 땅속에 매몰하게 되는데, 이 과정에서 쓰여지는 약품과 병든 가축의 사체 등이 분해되면서 유해한 물질이 발생한 것이 다시 지하수와 토양을 오염시키고 있다. 이러한 오염을 사전에 방지하기 위해서는 지하수 자원의 중요성을 인식하고, 오염 물질을 최대한 정화해서 배출하려는 노력이 필요하다. 또한 관련 기관의 철저한 감독이 요구된다.

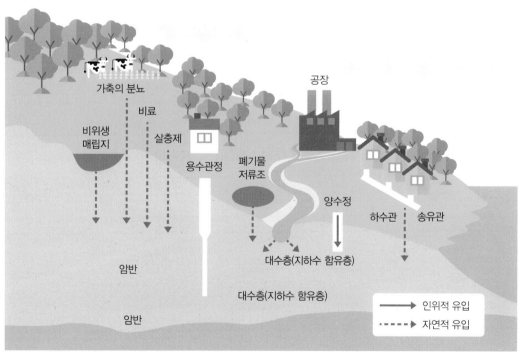

| **지하수의 오염 경로** 오랜 세월 동안 매년 눈과 비가 조금씩 모여 지하수를 이룬다. 전 세계적으로 물 부족 현상이 일어나면서 사람들이 지하수를 끌어 쓰다 보니 하루가 다르게 지하수가 고갈되고 있다. 따라서 현재의 지하수 고갈은 지하수 오염만큼이나 심각하다고 볼 수 있다.

지구 온난화와 해파리

최근 여름철 해수욕장에서 사람들이 수영을 하다 해파리에 쏘이는 사례가 급증하고 있다. 해파리에 쏘이면 두통, 발진이 생기고 심하면 사망에까지 이를 수 있어 매우 위험하다.

미국의 한 원자력 발전소에서는 해수가 유입되는 통로에 해파리가 들어와 발전이 일시적으로 중단된 사례가 있었고, 우리나라에서도 원자력 발전소 주변에 해파리가 자주 나타나고 있다.

그런데 왜 이렇게 갑자기 해파리가 증가하고 있는 것일까? 가장 주된 요인으로는 지구 온난화로 인한 바닷물의 온도가 상승했기 때문일 것이다. 해파리는 주로 수온이 따뜻한 곳에 분포하는데, 바닷물의 온도가 상승하면서 최근에 해파리들이 우리나라의 서해와 동해에 대량으로 출몰하고 있는 것이다. 우리나라에 주로 나타나는 해파리는 '보름달물해파리'로 번식 속도가 매우 빠르고 천적도 거의 없는 탓에 급증하는 해파리들의 번식을 막기 어려운 실정이다.

원자력 발전소에서는 해파리의 피해를 막기 위해 해수가 유입되는 부근에 그물망을 치고 있지만, 하루만에 엄청난 양의 해파리가 몰리면서 그물이 찢어지는 등 갈수록 문제가 심각해지고 있다. 이처럼 해파리가 급증하는 문제는 지구 온난화를 경고하는 하나의 사례로 볼 수 있다.

| 원자력 발전소에 몰려든 해파리들을 처리하고 있는 모습

05 멸종되는 생물

두루미, 수달, 대왕판다, 검은코뿔소의 공통점은 무엇일까? 바로 멸종 위기에 처한 동물이라는 점이다. 이처럼 자연적 또는 인위적 위협 요인에 따라 개체 수가 현저하게 감소되어 멸종 위기에 처한 생물들의 종류가 점점 늘어나는 이유는 무엇일까?

생물의 멸종과 인간의 삶

ThinkGen
밀렵이나 기후 변화 등으로 육식 동물들이 멸종된다면, 우리에게는 어떤 일이 발생할까?

오늘날 기후 변화, 토지의 황폐화, 각종 환경 오염으로 생물의 멸종 속도는 갈수록 빠르게 진행되고 있다. 생물학자들은 지금처럼 환경 오염과 생태계 파괴가 계속된다면 21세기 안에는 절반에 가까운 생물이 멸종할 것이라는 예언을 하고 있다.

우리 주변의 생물들이 멸종되면 인간의 삶에는 어떤 영향을 미칠까? 모든 생물은 생태계 내에서 먹이 사슬을 구성하고 있기 때문에 어떤 한 개체가 사라지면서 중간의 먹이 사슬이 끊어진다면 많은 문제가 발생한다. 예를 들어 꿀벌이 멸종된다고 생각해 보자. 꿀벌은 꽃을 옮겨 다니면서 꿀을 채취한다. 이 과정에서 수분 활동이 일어나고, 이로 인해 식물들은 열매를 맺는다. 그런데 꿀벌이 없다면 이러한 수분 활동이 일어날 수 없기 때문에 열매 또한 열리지 않게 된다. 이로 인해 열매를 먹고사는 동물들에게는 큰 재앙이 됨과 동시에 먹이 사슬이 깨지기 때문에 인류의 삶에 큰 영향을 미치게 될 것이다.

| 개체 수가 점점 줄어드는 꿀벌 아인슈타인은 "세상에서 꿀벌들이 사라진다면, 인류는 아마도 4년 안에 멸종할 것이다."라는 경고를 했다.

산호초의 멸종

국제 연합(UN) 산하 생물다양성협약(CBD) 사무국은 2014년 제4차 '지구생물다양성전망 보고서'에서 온실가스를 줄이지 않으면 6년 뒤 카리브 해의 산호초가 멸종할 것이라고 경고하였다.

산호초는 산호충의 분비물이나 유해인 탄산칼슘이 쌓여 만들어진 것으로 깊은 바닷속에서부터 차가운 극지 바다까지 골고루 분포한다. 산호초는 약 3만여 종의 생물이 살아가는 서식 기반과 공간을 마련해 주고, 작은 물고기에는 몸을 숨길 곳을 제공한다. 더불어 산호초는 다른 생물의 먹이가 되기도 한다.

산호초가 멸종되는 주된 원인으로는 해수 온도의 상승으로 인한 백화 현상때문이다. 수온이 상승하면 해양 박테리아가 대량으로 증식하고, 이들이 산호초와 공생하며 살아가는 조류를 공격하여 멸종시킨다. 산호초는 조류의 광합성에 의해 영양분을 얻는데, 조류가 없으면 더 이상의 영양분을 얻지 못하게 되어 하얗게 변하는 백화 현상으로 죽게 된다. 하지만 백화 현상은 바닷물의 온도가 정상으로 돌아간다면 다시 복원될 가능성도 있지만, 완전히 복원되기까지는 수십 년이 걸릴 것으로 예측된다.

질문이요 산호초가 사라진다면 바다에서는 어떤 일이 일어날까?

산호초에 의지하여 천적을 피하는 작은 물고기들은 몸을 숨길 곳을 잃어버리게 되고, 산호초를 먹고사는 물고기들은 식량을 잃게 됨으로써 이들과 연관된 생물들의 삶에 큰 영향을 주게 된다.

| **백화 현상** 백화 현상이 발생하면 해양 생태계의 파괴를 초래할 수 있다.

북극곰의 위기

　　지구 온난화로 멸종 위기에 처한 대표적인 동물로는 북극곰이 있다. 북극의 얼음은 북극곰이 먹이 사냥을 하고 새끼를 낳아 키우는 삶의 터전이다. 북극곰은 물고기나 얼음 위로 나온 바다표범, 바다사자 등을 사냥해서 잡아먹고 산다. 하지만 갈수록 심각해지는 지구 온난화로 인해 겨울철 얼음이 어는 시기가 늦어지고, 봄이 빨라지면서 얼음이 녹는 시기도 빨라졌다. 이로 인해 북극곰이 사냥할 수 있는 시기가 점차 줄어드는 탓에 북극곰 또한 생존에 큰 위협을 받고 있다. 이런 이유로 북극곰은 사냥을 하기가 어려워지면서 굶는 기간이 갈수록 늘어나게 되었다. 어미 곰들이 먹이를 충분히 섭취하지 못하면 새끼를 키우는 일이 어려워지고, 이로 인해 개체 수는 점점 줄어들게 된다. 최근에는 굶주린 북극곰들이 먹이를 구하기 위해 인간의 거주지에 자주 접근하게 되면서 안전한 삶을 위협하기도 한다.

　　자연을 파괴시키는 가장 큰 원인은 인간의 무분별한 개발과 환경 오염이다. 일례로 인간의 탐욕으로 인해 북극의 죄 없는 북극곰들이 현재 많은 고통을 받고 있는 것이다.

질문이요 북극곰들은 어떤 방법으로 사냥을 할까?

　　북극곰도 수영을 잘하지만 물속에서는 더 빠르게 헤엄치는 바다표범을 사냥하기는 어렵다. 그래서 북극곰은 얼음 위로 나오는 바다표범을 노린다. 즉 바다표범은 포유류이기 때문에 물속에서 헤엄을 치다가도 얼음구멍 위로 얼굴을 내밀고 숨을 쉬는데, 북극곰은 얼음 위에서 이때를 기다렸다가 숨 쉬러 나오는 바다표범의 얼굴을 앞발로 내리쳐서 사냥한다. 그러므로 북극곰에게는 얼음이 많을수록 사냥하기가 쉽다.

얼음 위의 북극곰 시간이 갈수록 북극의 연평균 기온은 계속 상승하여 빙하가 녹는 속도는 빨라지고, 그로 인해 북극곰들은 먹이를 사냥할 수 있는 공간은 갈수록 줄어들고 있다. 이러한 상황은 그곳에 사는 북극곰들의 생존에 중요한 영향을 끼치고 있다.

생물 다양성을 위한 노력

2011년, 과학 저널인 네이처는 지구의 여섯 번째 생물 대멸종이 시작되었다는 충격적인 연구 결과를 발표하였다. 지구는 지난 4억 5천만 년 동안 기후 변화나 운석 충돌 등으로 다섯 차례의 생물 대멸종이 있었는데, 소행성 충돌이나 자연 재해와 같은 자연적인 원인이 아닌 인간에 의한 환경 오염으로 인해 생물 대멸종이 시작되었다고 주장한 것이다.

최근 100년 사이 인류는 엄청난 산업 발전을 이루면서 편리하고 윤택한 삶을 얻게 되었다. 그러나 이 시기에 환경이 급속히 파괴되면서 지구에서 함께 살아가는 수많은 유형의 동식물은 삶의 터전을 빼앗기고 생명을 위협받게 되면서 생물 다양성이 빠르게 감소하고 있다. 만일 이 지구상에 동식물들이 살 수 없다면 우리 인간들도 살 수 없게 될 것이다.

이러한 생태계의 위기에 대응하기 위해 1992년 6월, 158개국의 대표들이 브라질에 모여 생물 다양성 협약을 맺었다. 이 협약의 목적은 생물 다양성 보전, 구성 요소의 지속 가능한 이용, 유전 자원 이용으로 발생하는 이익의 공정한 분배 등이다. 또한 유엔 총회는 생물 다양성의 지속적인 손실과 이로 인한 사회 · 경제 · 환경 · 문화적 영향에 우려를 표하면서 2010년을 '세계 생물 다양성의 해'로 선포하였다.

이와 같이 세계 각국은 생물 다양성을 유지하기 위해 지구 온난화를 감시하고, 생태계 보전을 위해 다양한 노력을 하고 있다.

2010 International Year of Biodiversity

| '2010년 세계 생물 다양성의 해' 로고

질문이요 생물 다양성이란 무엇일까?

생물 다양성 협약 제2조에서는 생물 다양성에 대해 육지와 바다 및 그 밖의 수중 생태계와 이들 생태계가 부분을 이루는 복합 생태계 등 모든 분야의 생물체 간의 변이성을 말하며, 이는 종내의 다양성, 종간의 다양성 및 생태계의 다양성을 포함한다고 설명하고 있다. 즉 생물 다양성이란 지구상의 생물종의 다양성, 생물이 서식하는 생태계의 다양성, 생물이 지닌 유전자의 다양성을 총체적으로 지칭한다.

우리나라의
멸종 위기 동물

| **솔개** 예전에는 전국적으로 흔한 텃새였으나 최근에는 비교적 드물게 찾아오는 겨울 철새이다. 먹이는 작은 포유류나 조류, 양서류, 파충류, 곤충 등 주로 동물성 먹이를 먹는다.

| **두루미** 중국, 몽골 및 러시아의 습지에서 번식하다가 10월 하순부터 우리나라로 날아와서 철원, 파주, 연천, 강화도 등지에서 겨울을 보내고, 2월 중순 ~ 3월 하순까지 번식지로 북상한다. 〈천연기념물 202호〉

| **수달** 족제빗과에 속하는 야행성 동물로 하천이나 호숫가에 바위구멍 또는 나무뿌리 밑이나 땅에 구멍을 파고 살며, 메기, 가물치, 개구리 등을 잡아먹는다. 〈천연기념물 330호〉

| **검은코뿔소** 케냐, 카메룬, 남아프리카공화국 등 아프리카에 주로 서식한다. 코뿔소의 뿔을 조각품으로 만들어 비싸게 팔고 있어서 이를 노린 밀렵꾼들로 인해 멸종 위기에 처해 있다.

| **대왕판다** 중국과 티벳에 서식하는 곰과의 포유류이다. 인간의 개간, 벌목 활동으로 서식지가 줄어들면서 개체 수가 점점 줄어들고 있어서, 중국 정부에서는 정책적으로 판다를 보호하고 있다.

세계의
멸종 위기 동물

| **레서판다** 중국, 히말라야, 미얀마 등에 주로 서식하며 새끼를 기르는 것을 싫어해서 번식이 쉽지 않다. 겉모습이 귀여워 애완동물로 키우기 위해 밀렵이 이루어지고 있다.

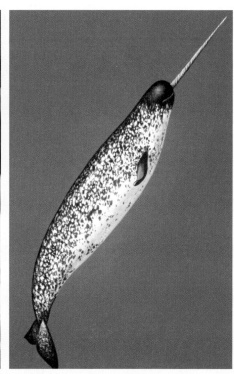

| **우파루파(아홀로틀)** 점박이 도롱뇽과의 일종으로 멕시코가 원산지이며, 겉모습이 귀여워 애완용으로 키우기도 한다. 머리에 뿔처럼 달린 6개의 겉아가미로 숨을 쉬며, 상처가 생겨도 쉽게 재생하는 능력을 가지고 있다. 최근 멕시코의 수자원 고갈로 개체 수가 점점 줄어들고 있다.

| **외뿔고래** 머리 부분에 기형적으로 자란 앞니가 3m 정도의 뿔처럼 생긴 고래로 주로 북극에 서식하고 있다. 외뿔고래의 뿔은 '유니콘의 뿔'이라고도 하며, 비싼 가격에 팔리기 때문에 밀렵이 성행하고 있다.

토론 지구 온난화에 대처하기 위해 우리는 어떤 노력을 해야 할까?

'북극곰이 너무 더워서 탄산음료를 벌컥벌컥 마신다?'

이 모습은 텔레비전의 광고에서나 볼 수 있는 장면이지만, 이 장면은 지구 온난화에 대한 많은 점을 시사하고 있다.

지구 온난화로 인해 지구의 연평균 기온은 계속해서 상승하고 있으며, 이상 기온 현상으로 어느 지역에서는 폭우로 인해 홍수를 겪는 반면 어느 지역에서는 비가 오랫동안 오지 않아 가뭄의 피해를 입고 있다. 또한 세계 여러 곳에서 폭설로 인해 도로와 건물이 붕괴되고, 일부 국가에서는 해수면의 상승으로 인해 지도에서 사라질 위기에 놓여 있는 실정이다. 이렇듯 지구 온난화는 지구의 현재 모습을 크게 변화시키고 있으며 우리의 삶을 위협하고 있다.

지구 온난화의 원인은 다양한데, 화석 에너지의 과도한 사용, 온실가스의 배출, 무분별한 벌목, 환경을 파괴하는 인간 중심의 개발 등에 있다. 이러한 원인들이 빠른 시일 내에 해결되지 않는다면 우리는 풍요로운 미래의 삶을 기대하기 어려울 것이다.

| 폭우로 인한 계단의 침수

| 가뭄으로 인한 땅의 갈라짐 현상

1 단계 글쓰기 전에 지구 온난화에 대한 마인드맵을 그려 보자.

2 단계 지구 온난화에 대처하기 위한 우리의 자세에 대하여 정리해 보자.

　인간은 환경과 더불어 살아가는 존재이므로 환경이 심각하게 훼손되면 인간은 더 이상 생존하기
힘들 것입니다. 그러므로 각각의 분야에서 환경의 피해를 최소화하여 건강한 지구에서 인간이 더불
어 살아갈 수 있도록 연구 · 개발한 기술을 친환경 기술이라고 합니다.

　이 단원에서는 친환경 기술의 종류에 대해 알아보고, 친환경 기술을 우리의 삶에 어떻게 적용할
수 있는지 살펴보겠습니다.

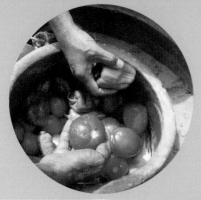

친환경 기술

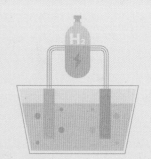

01 지속가능한 개발

우리는 살아가면서 많은 자원을 이용하고 있다. 이를테면 이동 수단으로 사용되는 버스는 천연가스로 움직이고, 편리하게 사용하는 전기는 여러 가지 자원을 통해 얻어진다. 미래 세대도 지금처럼 다양한 자원을 충분히 이용하며 살 수 있을까? 그리고 이러한 과정에서 발생한 환경 오염은 미래 세대들에게 어떤 영향을 미칠까?

1992년, 브라질의 리우데자네이루에서 열린 국제 연합(UN) 환경 개발 회의에서는 '지속가능한 개발'을 기본 원칙으로 한 '리우 선언'을 채택하였다. 지속가능한 개발이란 미래 세대가 그들의 필요를 충족시킬 수 있는 가능성을 손상시키지 않는 범위 내에서 현재 세대의 필요를 충족시키는 개발을 의미한다. 즉 자연이 재생할 수 있는 범위 내에서 개발이 이루어져야 하며, 이러한 개발에서 얻은 혜택으로 자연과 조화를 이룬 건강하고 생산적인 삶을 지향해야 한다는 주장이다. 여러 국가에서는 지속가능한 개발을 위해 건축 · 경제 · 교육 · 에너지 · 교통 등의 분야에서 다양한 노력을 하고 있다.

Think Gen
지속가능한 개발을 위해 지역 사회에서 실천할 수 있는 일에는 어떤 것이 있을까?

| 지속가능한 개발

· **사회** 자연과 조화를 이루는 건강하고 생산적인 삶 지향

· **경제** 생태계와 환경을 훼손시키지 않고 인류가 지속적으로 발전할 수 있는 경제 개발

공정한

견딜만한

실용적인

· **환경** 미래 세대도 생각하면서 현재 세대도 쾌적하게 살기 위한 깨끗한 환경 조성

리우 선언이란?

리우 선언은 1992년 6월, 브라질의 수도 리우데자네이루에서 '지구를 건강하게, 미래를 풍요롭게'라는 가치를 내걸고 열린 국제 연합 환경 개발 회의에서 채택된 선언이다. 전체 5개항의 전문과 27개항의 원칙으로 구성되어 있으며, 공식 명칭은 '환경과 개발에 관한 리우데자네이루 선언'이다.
다음은 27개항의 원칙 중 일부 내용이다.

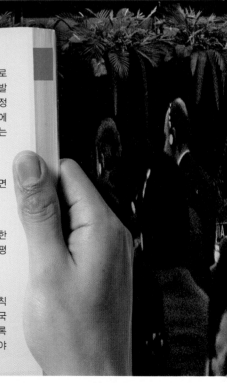

원칙 1
인류는 지속가능한 개발에 관한 논의의 중심에 서 있다. 인류에게는 자연과 조화를 이루면서 건강하고 생산적인 삶을 향유할 권리가 있다.

원칙 2
모든 국가에게는 국제 연합 헌장과 국제법의 원칙을 준수하면서 자국의 환경과 개발에 대한 정책에 따라 자국의 자원을 이용할 수 있는 자주적 권리가 있으며, 자국의 관할권이나 통치권 범위 내에서 이루어진 활동이 다른 국가의 환경이나 자국의 관할권을 벗어난 지역의 환경에 피해를 입히지 않도록 보장해야 할 책임이 있다.

원칙 3
발전권은 개발과 환경에 대한 현재 세대와 미래 세대의 요구를 공평하게 충족할 수 있도록 실현되어야 한다.

〈중략〉

원칙 24
전쟁은 본질적으로 지속가능한 개발을 가로막는다. 따라서 모든 국가는 무력 분쟁이 발생한 경우에 환경에 대한 보호 조치를 규정한 국제법을 존중해야 하며, 필요한 경우에는 그 국제법을 발전적 방향으로 개정하는 활동에 협력해야 한다.

원칙 25
평화와 개발과 환경 보호는 상호의존적이면서도 불가분의 관계에 놓여 있다.

원칙 26
모든 국가는 국제 연합 헌장에 따라 적절한 수단을 활용하여 상호 간의 환경 분쟁을 평화적으로 해결해야 한다.

원칙 27
모든 국가와 국민은 이 선언에 구현된 원칙이 실현되고, 지속가능한 개발 분야에서 국제법이 한층 발전적 방향으로 개정되도록 협동 정신에 입각하여 진심으로 협력해야 한다.

건축 분야에 적용되고 있는 지속가능한 개발의 예를 살펴보자.

사례1 자연 냉방

아프리카의 짐바브웨에는 '이스트게이트'라는 쇼핑 센터가 있는데, 이곳은 특이하게도 에어컨 시설이 없다. 하지만 쇼핑하는 사람들은 더위를 잘 느끼지 못한다고 한다. 그 이유는 '흰개미집의 원리'를 이용하여 만든 세계 최초의 자연 냉방 건물이기 때문이다. 이 원리는 건물 내부의 아래층은 최대한 비우고 꼭대기에는 더운 공기를 배출하는 팬(fan)을 설치하여 건물 내부에 있는 더운 공기를 위로 올라가게 하여 밖으로 배출하고, 건물 하부로 들어오는 찬 공기에 의해서 건물의 온도를 일정하게 유지하는 것이다. 이 쇼핑 센터의 실내 온도는 평균 24℃를 유지할 정도로 매우 쾌적하며, 다른 건물에 비해 10% 정도의 전력만을 사용하고 있다고 한다.

| '흰개미집의 원리'를 이용하여 자연 냉방이 되는 이스트게이트 쇼핑 센터의 내부

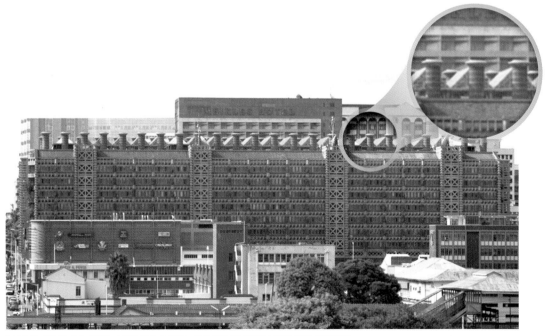

| 실내의 더운 공기를 배출하기 위해 이스트게이트 쇼핑 센터의 건물에 설치된 여러 개의 굴뚝

아하
그렇구나

흰개미집의 원리

흰개미의 크기는 0.5㎝ 정도에 불과하지만 흰개미들은 집을 지을 때 1~10m에 달할 정도로 높게 짓는다. 흰개미집 안에는 많은 흰개미가 살고 있어 자체적으로 많은 열이 발생되고, 그 안에서 먹이를 섭취함으로써 분해열이 발생한다. 이 열은 공기를 데워 위로 밀어 올리게 되는데, 이때 하부는 압력이 낮아지면서 외부의 시원한 공기가 들어온다. 즉 차가운 공기는 아래로 내려가고, 더운 공기는 위로 올라가는 대류의 원리를 이용하여 공기를 지속적으로 순환시킴으로써 내부의 온도를 조절하게 된다.

아프리카는 한낮의 기온이 40℃에 가까울 정도로 뜨겁지만, 흰개미집은 항상 30 ~ 31℃ 정도를 유지한다.

더운 공기 배출

시원한 공기 유입

30~31℃
중심부

| 실제 흰개미집

| 흰개미집의 내부 구조 및 원리

사례2 건물 벽면과 옥상을 푸르게

　최근에는 건물의 에너지 효율을 높일 목적으로 벽면이나 옥상에 식물을 심어 푸르게 하는 녹화 작업을 실시하고 있다. 벽면 녹화는 건물의 벽면 · 담장 · 방음벽 등을 식물 소재로 둘러싸는 것이고, 옥상 녹화는 건물 옥상의 콘크리트 위에 흙을 깔고 그 위에 식물을 키우는 것이다. 이처럼 건물에 녹화를 하면 식물이 태양의 복사열을 차단하여 여름철에 건물의 온도를 낮추는 효과를 가져온다. 옥상 녹화가 된 건물은 녹화를 하지 않은 건물에 비해 3~4℃ 정도 낮은 온도를 유지할 수 있어 냉방비를 줄일 수 있다. 아울러 산성비나 자외선을 차단하여 건물의 수명을 연장시켜 주고, 건물의 전반적인 이미지를 향상시켜 주는 효과도 있다. 그 밖에도 *열섬 현상 방지, 생태 환경 조성 등의 다양한 효과를 가지고 있어서 최근 들어 많은 건물에 적용되고 있다.

　이렇듯 사람들은 환경과 개발을 균형 있게 하는 지속가능한 개발을 위해 다양한 노력을 시도하고 있다. 기술의 발전이 다음 세대의 삶을 고려하지 않는다면 행복한 미래를 꿈꾸기 힘들 것이다.

| **옥상 녹화** 녹색의 풀과 나무가 어우러진 건물 전경

*
　열섬 현상 다른 지역보다 도시의 온도가 높게 나타나는 현상으로, 이러한 도시 지역의 등온선을 그리면 그 모양이 바다에 떠 있는 섬처럼 보이기 때문에 생긴 말이다.

벽면 녹화 미국 궬프대학교에 설치된 가로 10m, 세로 17m의 거대한 식물 벽은 훌륭한 공기 청정기 역할을 한다. 벽면은 코코넛 껍질로 덮여 있으며, 흐르는 물과 양분이 함께 식물에 공급된다. 뿌리에 있는 미생물은 공기를 정화해 주는 역할을 하며, 잎에서는 풍부한 산소가 공급된다.

02 적정 기술

우리는 일상생활을 하면서 여러 가지 기술 문명의 혜택을 받는다. 예를 들어 스마트폰이 있으면 원하는 정보를 바로 찾아볼 수 있고, 게임을 하거나 영화 등을 시청할 수 있다. 또, 친구를 만나기 위해 버스나 지하철을 이용하여 원하는 장소까지 쉽게 이동할 수 있다. 이렇듯 우리는 다양한 기술을 이용하여 편리한 삶을 살고 있다. 그런데 전 세계의 모든 사람이 이런 기술 문명의 혜택을 누리며 살까?

답은 '아니다'이다. 일부 나라의 국민들만 이러한 기술 문명의 혜택을 받고 있으며, 상당수의 사람들은 이러한 기술 문명으로부터 소외되어 있다. 더불어 일부 국가에서는 마실 물조차 부족하여 고통받고 있다. 그들은 깨끗하지 않은 물을 식수로 사용하고 있어서 많은 어린이가 수인성 전염병으로 인해 목숨을 잃기도 한다. 그들은 하루하루 살아가는 것에 대한 걱정이 더 큰 탓에 학교에서 공부를 하거나 좀 더 편리한 생활을 꿈꾸는 것조차 힘든 사람이 대부분이다.

따라서 미래의 기술은 좀 더 많은 사람들이 함께 누리고, 그로 인해 삶이 풍요로워지는 기술이어야 한다. 이러한 고민에서 시작된 것이 바로 '적정 기술'이다. 적정 기술은 적은 비용과 에너지로 누구나 손쉽게 만들어 활용할 수 있어야 하며, 현지에서 생산과 소비가 가능해야 한다. 이러한 적정 기술은 많은 사람의 관심을 받고 있으며, 앞으로 개발될 기술이 지향해야 할 발전 목표이기도 하다.

그렇다면 적정 기술과 관련하여 어떠한 것들이 있는지 살펴보자.

ThinkGen
적정 기술을 개발하기 위해서는 그 지역에 대해 깊이 이해할 필요가 있다. 왜 그럴까?

물을 쉽게 운반할 수 있게 만든 'Q 드럼'도 적정 기술 중 하나이다.

태양 전구

🖋 산업의 근대화와 경제 개발이 선진국에 비하여 뒤떨어진 나라

개발도상국의 저소득층 사람들이 사는 집에는 창문도 없고, 전기가 제대로 공급되지 않는 곳이 많아 한낮에도 방 안은 캄캄하다고 한다. 그래서 이 지역 사람들은 일상생활을 하는데 큰 불편을 겪고 있다. 그런데 버려진 페트병과 세제, 접착제만 있으면 이 문제를 간단히 해결할 수 있다. '태양 전구'라 불리는 이 기술은 페트병에 세제나 표백제를 탄 물을 채운 뒤, 지붕에 구멍을 뚫고 반쯤 꽂으면 햇빛이 세제나 표백제 성분과 만나 흩어지면서 빛을 내게 된다. 이 태양 전구는 55W 정도의 전등을 켠 것과 같은 밝기를 낸다고 한다.

필리핀에서는 '내 보금자리 재단'이 주도하는 '1리터의 빛' 캠페인 결과, 많은 저소득층 가구의 방 안을 밝히는 성과를 거두었다고 한다. 물론 이 태양 전구는 해가 떠 있을 동안에만 사용할 수 있다.

| 전기 시설 없이 빛을 낼 수 있는 태양 전구

플레이 펌프

놀이터에 가면 아이들이 회전놀이 기구를 타는 모습을 종종 볼 수 있다. 놀이 기구를 돌게 하는 회전력을 이용하여 지하수를 끌어올리는 적정 기술을 '플레이 펌프(Play Pump)'라고 한다. 아이들이 놀면서 플레이 펌프를 돌리게 되면, 그 힘으로 지하수를 끌어 올려서 물탱크에 저장하게 된다. 저장된 물은 주민들이 수도관을 통해 손쉽게 이용할 수 있고, 물탱크에는 광고를 부착할 수 있어서 플레이 펌프를 설치한 기업에서는 광고 수익을 얻을 수 있다.

설치된 플레이 펌프는 물을 구하기 위해 먼 길을 이동해야 하는 불편함과 수고로움을 덜어 주었으며, 물 부족 현상도 어느 정도 해소시켜 주었다. 그런데 일부에서는 플레이 펌프가 성공한 적정 기술은 아니라는 평가를 하기도 한다. 만일 플레이 펌프가 설치된 놀이터에서 아이들이 충분히 놀 수 없는 지역에 플레이 펌프를 설치했다면, 그것을 돌리기 위해 별도의 노동을 해야 하기 때문이다. 또, 플레이 펌프로 물을 끌어올리는 양이 많지 않아, 하루에 어린이 한 명 당 2ℓ의 물밖에 공급하지 못하고 있다. 이러한 문제점들은 그 지역에 대한 충분한 이해와 대화 없이 플레이 펌프를 설치했기 때문인 것으로 판단된다. 따라서 적정 기술을 적용할 때는 그 지역에서 스스로 생산과 소비가 가능한지, 주민들의 요구에 적합한지를 먼저 파악해야 실패를 줄일 수 있다.

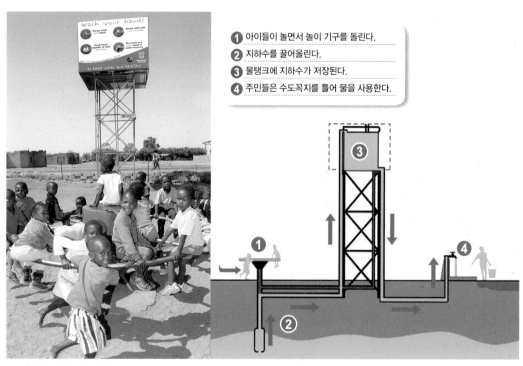

❶ 아이들이 놀면서 놀이 기구를 돌린다.
❷ 지하수를 끌어올린다.
❸ 물탱크에 지하수가 저장된다.
❹ 주민들은 수도꼭지를 틀어 물을 사용한다.

| 플레이 펌프에서 노는 아이들 　　　 | 플레이 펌프의 작동 원리

와카 워터

Q 드럼과 함께 아프리카의 물 부족 문제를 해소할 수 있는 방안으로 '와카 워터(Warka Water)'가 있다. 얼핏 보면 설치 조형물 같이 생긴 와카 워터는 별다른 동력 없이 자연 현상을 이용하여 물을 얻을 수 있는 도구이다.

사하라 이남 지역의 경우 일교차가 ⌒기온, 습도, 기압 따위가 하루 동안에 변화하는 차이 비교적 큰 편인데, 이 기온차를 이용하여 미리 만들어 놓은 그물에 물방울이 맺히게 하는 것이다. 즉 이른 아침에 풀잎에 이슬이 맺혀 있는 것과 같은 원리이다. 와카 워터는 물방울이 맺히기 좋도록 가벼운 골풀 줄기를 엮어서 형태를 만들고 그 안에 나일론으로 만든 그물을 매달아 둔다. 사방이 공기가 잘 통하는 구조이기 때문에 바람이 불어도 쉽게 쓰러지지 않으며, 무엇보다 설치 비용이 적게 든다. 와카 워터는 하루에 100ℓ 정도의 물을 모을 수 있으며, 특별한 기술이 따로 필요 없다. 그리고 고장이 발생할 염려도 없기 때문에 아프리카 전역으로 확산되고 있는 적정 기술 중 하나이다.

이러한 다양한 시도들은 아프리카의 물 부족 문제를 해결하고, 아이들은 물을 구하러 가는 노동에서 벗어나 학교에 갈 수 있게 되었으며, 더 나은 미래를 꿈꾸게 하는 원동력이 되고 있다.

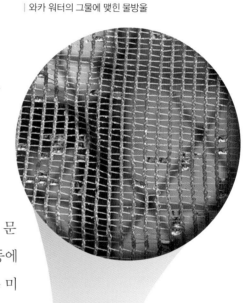

| 와카 워터의 그물에 맺힌 물방울

| **아프리카의 한 마을에 설치된 와카 워터** 아프리카에서 '무화과나무'라고 불리는 '와카'를 기본 재료로 하여 나일론을 엮어서 만든다.

항아리 냉장고

뜨거운 햇볕이 내리쬐는 나이지리아에서는 싱싱한 채소와 과일도 3~4일이 지나면 쉽게 상하기 때문에 수확한 농산물을 팔아서 생활을 유지하는 농부들에게는 큰 문제가 아닐 수 없다. 이런 문제를 극복하기 위한 대안으로 항아리 냉장고가 탄생하였다. 항아리 냉장고는 큰 항아리 속에 작은 항아리를 넣고 그 사이에 젖은 모래나 흙을 채워서 만든다.

모래나 흙 속의 물은 뜨거운 열기에 의해 증발하게 되는데, 이때 주변에 있는 열을 흡수하게 되어 안쪽에 있는 작은 항아리의 온도는 낮아지게 된다. 또, 항아리 사이에 있는 모래나 흙은 단열 작용을 하여 외부의 열을 차단하고, 항아리 내부의 냉기가 쉽게 밖으로 빠져 나가지 못하게도 한다.

항아리 냉장고에는 채소나 과일을 20일 이상 보관할 수 있어 농부들이 농작물을 시장에 내다 파는 데 큰 도움이 되었고, 그들의 삶에 혁신적인 변화를 가져오는 계기가 되었다.

| 항아리 냉장고의 원리

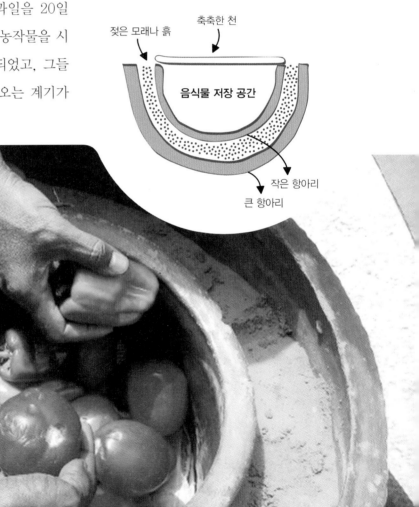

젖은 모래나 흙

축축한 천

음식물 저장 공간

작은 항아리

큰 항아리

| 오랜 시간 채소나 과일을 보관할 수 있는 항아리 냉장고

페트병 학교

시중에서 파는 물이나 시원한 음료수를 마시고 나면 플라스틱으로 만들어진 페트병이 남는다. 이 페트병이 그대로 버려지면 환경 오염의 원인이 된다. 그러나 이 페트병 안에 쓰레기를 채우면 튼튼한 건축 재료로 활용할 수 있다. 이를테면 페트병 안에 썩지 않는 쓰레기를 가득 채운 후 페트병들을 철사로 단단히 고정시켜 시멘트를 바르면 튼튼한 벽이 된다. 이러한 기술을 이용하여

| 페트병으로 만든 벽

교육적 혜택을 받지 못하는 지역의 학생들을 위한 학교를 짓기도 하는데, 이를 '페트병 학교'라고 한다.

페트병을 이용하여 만든 건물의 장점은 마을의 쓰레기를 처리해 줄 뿐만 아니라 건축비도 매우 저렴하기 때문에 경제적 여건이 어려운 지역에서도 학교와 같은 공공 건물을 지을 수 있다. 페트병 학교는 인건비를 절약하기 위해 마을 사람들이 함께 참여하여 학교를 지어 아이들에게 배움의 기회를 제공하고 있다.

| 페트병을 활용하여 지은 페트병 학교

적정 기술

| 라이프스트로우의 원리

3. 활성탄 필터
   숯의 효능 : 물의 신선도 증가

2. 요오드 필터
   세균, 박테리아 박멸

1. 멤브레인 필터
   100μm 이상의 입자를
   걸러 내는 섬유 조직

| **라이프스트로우(lifestraw)** 깨끗한 물을 마시기 어려운 저개발 국가나 제3국가 사람들을 위해 만든 제품으로 빨대를 사용하듯 물속에 대고 빨아들이면 정수된 물을 먹을 수 있다.

| **사탕수수 찌꺼기로 만든 숯(Sugarcane Charcoal)** 많은 개발도상국에서는 사탕수수를 재배하여 소득을 얻는데, 사탕수수를 추출하고 난 후에 남은 찌꺼기를 이용하여 숯을 만든다. 이 숯은 농업 쓰레기를 연료로 사용하기 때문에 나무를 연료로 이용함으로써 발생하는 환경 문제들을 어느 정도 보완하고, 나무 연료를 태울 때보다 연기를 적게 내고 화력도 충분하다고 한다.

ㅇㅋ 압전 소자

우리나라 부산의 서면역에는 발로 바닥의 발판을 연속으로 강하게 밟으면 그 밟는 힘에 의해 전기가 발생하고, 이를 이용하여 휴대 전화를 충전할 수 있는 시스템이 있다고 한다. 그런데 이런 일은 어떻게 가능할까?

부산의 서면역에는 다른 지하철역과는 다른 특별한 길이 있다. 이곳은 사람들이 걷는 것만으로도 전기를 생산할 수 있는 압전 에너지 블록이 설치된 길이다.

지하철역은 하루 종일 수많은 사람이 걸어서 이동하기 때문에 사람들이 움직임을 이용하여 많은 양의 전기를 생산할 수 있으며, 이렇게 생산된 전기는 역 곳곳으로 공급되어 사용된다. 그런데 사람들의 밟는 힘만으로 어떻게 전기를 발생시킬 수 있을까?

압전 소자의 원리는 건전지의 원리와 비슷한데, 해당 재질에 힘을 가하면 순간적으로 전하의 위치가 바뀌면서 결정의 양면에 *전위차가 발생하게 되고, 이 전위차로 인해 전기가 발생하는 것이다. 즉 특정 재질에 압력을 가했을 때 전기가 생산되는 현상(압전 효과)를 이용하는 압전 소자는 라이터, 댄스 클럽, 헬스 클럽, 신발, 다리 등 우리의 생활 곳곳에서 활용되고 있다. 여러 가지 사례를 통해 압전 소자에 대해 알아보자.

| 부산 서면역에 설치된 압전 에너지 블록

* ⎯⎯⎯⎯⎯⎯⎯⎯
  전위차 두 전극 사이에 존재하는 각 전자가 갖는 위치 에너지의 차이이다.

사례1 라이터

라이터는 우리가 가장 흔하게 볼 수 있는 압전 소자의 사례이다. 라이터를 켜기 위해 스프링 버튼을 누르면 라이터 내에 설치된 압전 소자에 압력이 가해지게 되는데, 이때 전기가 발생하여 불꽃을 일으키게 되고, 이 불꽃이 가스를 점화시켜 불이 켜진다.

| 압전 소자를 이용한 라이터

사례2 댄스 클럽, 헬스 클럽

사람들이 음악에 맞추어 신나게 춤을 추면, 압전 소자가 설치된 바닥에 충격(또는 압력)이 가해진다. 즉 사람들이 춤을 출 때마다 압전 소자는 전기를 생산하고, 생산된 전기는 배터리에 저장된다. 이렇게 저장된 전기는 댄스 클럽의 조명을 밝히는 데 사용된다. 또, 헬스장의 러닝 머신에도 압전 소자를 활용할 수 있다. 사람들이 러닝 머신 위에서 걷거나 뛸 때 발생하는 충격을 이용하여 전기를 생산해서 헬스장에 필요한 전기를 공급하기도 한다.

| 압전 소자가 설치된 댄스 클럽

사례3 신발

압전 소자는 압력을 발생시키는 곳이라면 어디든지 활용할 수 있는데, 신발에도 실험적으로 압전 소자를 쓰고 있다. 사람은 하루에도 적게는 수백 보에서 많게는 수만 보 이상을 걷는다. 발과 지면이 맞닿을 때 압력이 발생하므로 운동화의 깔창에 압전 소자를 설치하여 전기를 얻을 수 있다. 이렇게 얻은 전기는 겨울철에 신발을 따뜻하게 하거나, 휴대 전화 등 간단한 휴대용 장치를 충전하는 데 활용할 수 있다.

| 휴대용 장치를 충전할 수 있는 신발의 압전 소자

사례4 다리

일본의 도쿄에 있는 고시키사쿠라대교는 차량의 움직임에 의해 발생하는 진동을 전기 에너지로 저장했다가 다리의 가로등이나 사무실의 전력 등 다리 운영에 필요한 전기를 얻는다.

| 압전 소자가 설치된 고시키사쿠라대교

아하 그렇구나

압전 소자의 응용 범위는 어디까지?

최근에는 소리로 인해 발생하는 진동을 압전 소자에 전달하여 전기를 발생시키는 기술이 개발되었다. 이는 기존의 방식보다 30배나 많은 진동을 전달할 수 있어서, 더 효율적으로 전기를 생산할 수 있다고 한다. 또한 고속도로나 지하철 선로의 바닥에 압전 소자를 설치하여 전기를 얻는 방법에 대한 연구도 활발히 진행 중이다.

O4 친환경 생태 도시

인류의 미래를 다룬 영화 중에는 에너지 고갈과 환경 오염으로 황폐화된 미래 도시의 모습이 많이 그려지고 있다. 우리는 이러한 미래를 막기 위해 앞으로 도시를 건설할 때 어떻게 해야 할까?

친환경 생태 도시란 가급적 화석 에너지의 사용을 줄이고 사람과 자연 혹은 환경이 서로 도우며 함께 조화롭게 살아갈 수 있는 도시의 체계를 갖춘 도시를 의미한다.

> **ThinkGen**
> 내가 살고 있는 지역은 환경을 위해
> 어떤 노력을 하고 있는지 조사해 보자.

영국의 탄소 제로 마을, 베드제드

베드제드는 영국 최초의 탄소 제로 마을로, 오물 처리장이었던 지역이 친환경 도시로 탈바꿈한 곳이다. 이 마을은 신재생 에너지를 활용하여 주택에 필요한 전기를 공급하거나 난방을 한다. 이를 위해 모든 건물의 지붕 위에는 태양

| 친환경 도시 베드제드

광 판넬을 설치하였으며, 목재 쓰레기를 소각하여 에너지를 생산하는 방식을 취한다. 또, 물을 절약하기 위해서 빗물과 오수를 정화하여 화장실이나 옥상 정원 관리에 활용함으로써, 물 사용량의 $\frac{2}{3}$를 절약한다. 아울러 대부분의 주택을 남향으로 지었으며 태양열을 최대한 많이 받을 수 있도록 설계하여 난방비를 일반 주택의 $\frac{1}{10}$ 수준으로 절감시켰다.

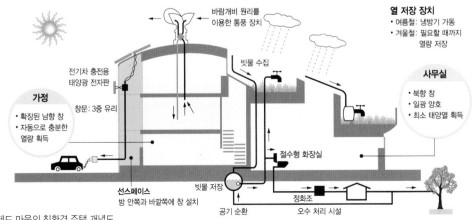

| 베드제드 마을의 친환경 주택 개념도

독일의 환경 수도, 프라이부르크

독일의 프라이부르크의 시민들은 1970년대 원자력 에너지 반대 운동과 함께 환경 오염 문제를 인식하여 여러 가지 노력 끝에 친환경 도시를 탄생시켰다. 먼저 태양광 발전 시설을 공공기관을 비롯하여 학교, 병원, 체육 시설 등 도시 곳곳에 설치하였으며, 원자력 에너지나 화석 에너지를 사용하지 않고 바이오 가스, 태양열, 풍력 등의 자연 에너지로 생산된 전기 만을 사용하고 남는 에너지는 전력 회사에 판매하고 있다.

또한 주택가 일부 지역에 제한 속도가 30km/h인 구역을 지정하여 자동차를 시내 외곽에 주차한 뒤 도시에는 걷거나 자전거를 통해 들어갈 수 있도록 유도하고 있다. 특히 1인당 자전거 보유 대수가 1대 이상이고, 도시 전체에 걸쳐 자전거 전용 도로를 설치하였다. 그리고 전철, 버스와 같은 대중교통이 잘 설치되어 있으며, 이러한 대중교통을 모두 이용할 수 있도록 시와 정부에서 보조금을 지급하여 환경정기권인 '레기오카르테'를 공급하기도 한다.

| 자전거 이용의 활성화

| 잘 갖추어진 대중교통

| 태양광 발전이 설치된 상가

지속 가능한 도시, 브라질의 쿠리치바

유엔이 '지구에서 가장 살기 좋은 도시'로 선정한 브라질의 쿠리치바는 다음의 사례와 같이 다양한 친환경 정책을 통해 지속가능한 도시 모델로 손꼽히고 있다.

사례1 녹색 교환

녹색 교환은 농산물을 재활용품 쓰레기를 받고 교환 해 주는 제도이다. 저소득층이 사는 지역에서는 폐기물 처리가 쉽지 않기 때문에 쓰레기를 가져오는 시민들에게 쓰레기 5kg당 쌀이나 채소 등의 농산물을 나누어 주고 있다. 이는 농가와 저소득층 양쪽에 많은 도움을 주고 있다.

사례2 '그늘과 신선한 물' 프로그램

1970년대부터 하천·공원·녹지 관리 프로그램을 실시하여 무분별한 개발을 철저히 규제하고, 자연 원형을 그대로 유지하는 정책을 실시하고 있다. 또한 호수를 조성하여 홍수 문제를 극복하고, 하천과 그 주변의 인접 지역에 공원이나 식물원을 만드는 등 도시 미관을 아름답게 조성하는 데 노력하고 있다.

사례3 3중 도로와 버스 전용 차선

지하철을 만드는 대신 3중 도로를 만들어서 중심부에는 버스 전용 차선을, 양쪽으로는 자동차 차선을 설치하였다. 버스 전용 차선을 통해 버스의 안정적인 속도를 확보하고, 버스의 노선과 역할에 따라 급행 버스, 지역 버스, 직통 버스 등으로 구분하여 각 버스 간에 완벽한 환승 시스템을 구축하였다. 이는 자연스럽게 자가용의 수요를 줄이는 효과를 가져왔다.

3무(無) 도시, 마스다르

_{없을 무}

아랍에미리트연합의 마스다르는 온실가스, 쓰레기, 자동차가 없는 '3무(無) 도시'를 목표로 사막 위에 건설되는 친환경 도시이다. 지난 2008년부터 공사가 시작되어 2025년 완공을 목표로 건설 중이다.

| 건물 위에 설치될 태양광 판넬

마스다르는 사막에 위치하고 있어 사용하는 에너지의 90% 이상을 태양으로부터 얻기 위

_{유리나 금속의 기판 위에 얇게 광전자 물질을 부착시킨 2세대 태양 전지}

해 모든 건물의 지붕과 벽에 박막 태양전지를 부착하고, 도시 내 태양광 발전소를 운영할 예정이다. 또한 부족한 전기는 풍력과 폐기물 에너지를 통해 얻을 수 있도록 설계했다.

도시의 외곽에는 나무를 심어 사막의 모래 바람을 막고, 도심 곳곳에 녹지와 분수 그리고 물이 흐르는 공간을 조성하여 도시의 높은 온도를 낮출 수 있게 하였다. 또한 건물의 높이를 10층 이하로 지어 자연 채광과 자연 환기를 적극 활용할 예정이다.

도심에서는 석유를 연료로 사용하는 자동차는 다닐 수 없으며, 대신에 무인 전기 자동차를 타고 도시 곳곳을 10분 안에 도착할 수 있도록 하였다. 아울러 먼 거리를 이동할 때에는 지하 전용 도로를 이용하여 친환경 자동차를 타고 이동하도록 하였다.

사막 위에 계획적으로 만들어지는 친환경 도시 마스다르는 전 세계인의 많은 기대와 관심을 받고 있다.

| 마스다르의 조감도

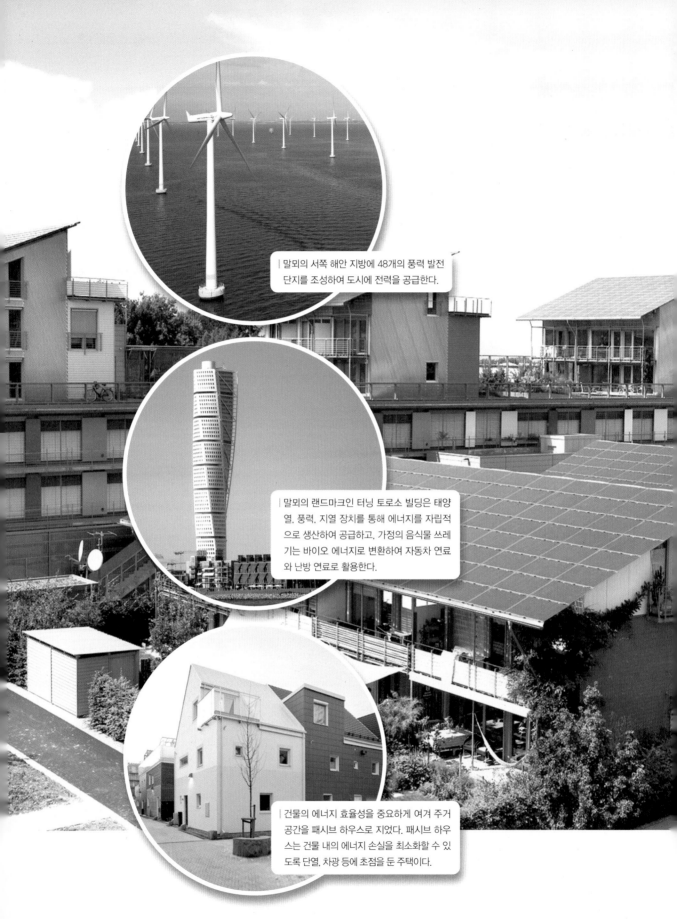

| 말뫼의 서쪽 해안 지방에 48개의 풍력 발전 단지를 조성하여 도시에 전력을 공급한다.

| 말뫼의 랜드마크인 터닝 토로소 빌딩은 태양열, 풍력, 지열 장치를 통해 에너지를 자립적으로 생산하여 공급하고, 가정의 음식물 쓰레기는 바이오 에너지로 변환하여 자동차 연료와 난방 연료로 활용한다.

| 건물의 에너지 효율성을 중요하게 여겨 주거 공간을 패시브 하우스로 지었다. 패시브 하우스는 건물 내의 에너지 손실을 최소화할 수 있도록 단열, 차광 등에 초점을 둔 주택이다.

스웨덴의 말뫼는 1980년대 초까지만 해도 조선 산업으로 번창한 항구 도시였다. 그러나 1987년 조선소의 파산으로 폐쇄된 이후 도시 전체는 경제가 침체되고 주거 환경이 열악한 지역으로 변하게 되었다. 이러한 문제를 해결하기 위해 2001년부터 조선소와 공장 지대에 'City of Tomorrow' 프로젝트 계획을 세워 낡은 산업 도시에서 친환경 도시로 변모하게 되었다.

산업 도시의 변신, 스웨덴의 말뫼

| 말뫼는 대부분의 건물 옥상에 집열판을 설치하여 온수를 얻고, 태양 전지로 전기를 생산한다.

O5 인간 동력

우리는 여러 가지 음식물을 섭취하고 에너지를 얻고 몸을 움직여 일을 하거나 운동을 하기도 하고, 걷거나 뛰기도 한다. 이러한 움직임이나 행동들을 에너지로 전환하여 이용할 수는 없을까?

인간 동력이란 사람의 움직임이나 운동 등을 동력원으로 사용하는 것이다. 이것은 에너지를 자급자족함으로써 화석 에너지의 발생도 줄이고, 운동까지 되는 일석이조(一石二鳥)의 효과를 거둘 수 있다.
필요한 물자를 스스로 충당함

자전거 발전기

우리의 생활 주변에서 인간 동력으로 가장 쉽게 볼 수 있는 것은 자전거 발전기이다. 자전거의 페달을 밟으면 바퀴가 회전하면서 발전기를 작동시킨다. 그런데 한 대의 자전거로는 많은 양의 전기를 얻을 수 없으므로 보통 여러 대의 자전거를 연결하여 전기를 얻는다. 자전거 발전기는 세탁기나 믹서와 같은 전자 기기에 자전거를 연결하여 전자 제품을 작동시키면서 운동까지 함께 할 수 있는 장점이 있다.

Think Gen
내가 다니는 학교에서 인간 동력을
사용하기 좋은 장소는 어디일까?

| 자전거 발전기

인간 동력 자동차

기름 한 방울 없이 사람의 힘만으로 시속 100㎞ 이상으로 주행할 수 있는 자동차가 있을까? 인간 동력 자동차 '휴먼카'면 가능하다. 휴먼카는 탑승자가 핸들을 앞뒤로 움직여 동력을 생산하는 방식으로, 보통 1~4명이 승차하여 함께 핸들을 움직이면 보다 빠른 속도로 주행할 수 있다.

| 인간 동력 자동차 휴먼카

최근에는 기존의 휴먼카에 모터를 추가하여 사람의 힘으로 생산한 동력이 두 개의 전기 모터를 발전시켜 자동차를 움직일 수 있게 하였다. 휴먼카는 도로 교통법이나 안전 등 해결해야 할 문제점이 있지만, 최초의 인간 동력 자동차라는 점에서 의의가 있다.

페달 펌프

농사를 짓거나 식수로 이용하기 위한 물을 땅속 지하로부터 끌어올리기 위해서는 동력이 필요하다. 그런데 야외나 들판의 경우 전기 공급이 쉽지 않기 때문에 전기 펌프를 돌리기가 어렵다. 이럴 때 사람의 발이 훌륭한 동력원이 될 수 있다. 페달 펌프를 발로 번갈아 밟으면 압력차가 발생하여 지하에 있는 물을 쉽게 퍼 올릴 수 있게 된다.

| 페달 펌프로 물을 퍼 올리는 농부

페달 펌프는 물이 부족한 아프리카나 비싼 펌프를 구입할 수 없는 지역의 사람들에게 보급되고 있다.

*사회적 기업 킥스타트에서는 '머니 메이커(Money Maker)'라는 페달 펌프를 만들어 저렴한 가격에 아프리카의 농가에 보급하고 있는데, 이를 사용한 농가에서는 소득이 10배 이상 늘어났고, 이와 관련하여 많은 농민이 가난에서 벗어날 수 있게 되었다.

＊
사회적 기업 일반 기업은 이윤 추구가 목적이지만, 사회적 기업은 취약 계층에게 일자리나 사회 서비스를 제공하여 지역 주민의 삶의 질을 높이는 등 사회적 목적을 추구하는 기업을 말한다.

인간 동력 비행기

인간 동력은 비행기에도 적용되고 있는데, 이것은 발로 페달을 밟으면 축으로 연결된 프로펠러가 회전하면서 비행하는 원리이다. 비행기를 뜨게 하기 위해서는 몇 가지 조건이 충족되어야 하는데, 기체를 최대한 가볍게 만들어야 하며, 공기역학적 설계를 반영하여 날개를 제작할 필요가 있다. 또, 인간의 동력이 프로펠러에 손실 없이 잘 전달할 수 있는 기술이 필요하다.

인간 동력 비행기의 무게는 대부분 30kg 이내로, 조종사의 몸무게까지 합쳐 100kg 이내인 경우가 많다. 인간 동력 비행기는 비록 오랜 시간을 비행하지는 못하지만, 인간 동력을 이용하여 비상을 꿈꾸는 새로운 시도라고 할 수 있다.

| 비상을 꿈꾸는 인간 동력 비행기

버스 사이클

미국의 팔로 알토시는 자전거 마을이면서 '버스 사이클'로 유명하다. 이 버스의 무게는 1톤으로 최대 14명이 탑승하면 2톤에 달하는데, 사람들이 페달을 밟음으로써 버스를 움직일 수 있다. 따라서 사람들이 앉는 각각의 자리에는 페달이 달려 있고, 승차하는 사람들은 모두 의무적으로 페달을 밟

| 승객의 힘으로 움직이는 버스 사이클

아야 한다. 이 마을 사람들은 버스 사이클을 움직임으로써 유대감을 느끼고 건강도 함께 관리할 수 있다는 측면에서 모두 만족해 한다.

지구촌 곳곳에서는 화석 에너지 고갈의 문제를 극복하기 위해 다양한 노력을 하고 있으며, 그중에서 인간 동력을 이용한 다양한 사례들은 또 하나의 해법이 될 수 있음을 보여 주고 있다.

06 블루 골드

물은 인간이 생명을 유지하기 위한 필수 요소로 식수 외에 생활용수, 공업용수, 농업용수 등 다양한 분야에서 사용되고 있다. 그러나 이상 기후와 땅의 사막화 등의 영향으로 앞으로 사용할 수 있는 물의 양이 빠르게 줄어들고 있어 우리의 삶에 심각한 위협을 주고 있다. 이러한 상황에서 물을 좀 더 효율적으로 사용할 수 있는 방법은 없을까?

'블루 골드(Blue Gold)'란 '검은 황금(Black Gold)'이라고 불리는 석유에 비유한 말로, 여기에는 물의 가치가 갈수록 높아질 것이라는 의미를 지니고 있다.

그렇다면 물이 부족하면 어떤 일이 발생할까? 당장 먹을 물, 씻을 물이 부족해지면 생활하는 데 많은 불편을 느낄 것이다. 또한 각종 농업 용지에 물이 제대로 공급되지 못하여 채소·과일·곡물 등의 가격도 급격히 상승할 것이며, 공업용수가 없어 공장도 제대로 돌아가지 못하게 될 것이다. 뿐만 아니라, 생태계도 급격히 파괴되는 등 심각한 사회적 문제가 될 가능성이 매우 높다. 따라서 물을 아껴서 사용하고 재활용하기 위한 방안을 세우는 것은 인류에게 매우 중요한 문제 중 하나이다.

| 미래의 블루 골드로 불리는 물

중수도

물을 이용하는 시설에는 상수도, 하수도, 중수도가 있다. 상수도는 강에서 퍼 올린 물을 정화한 후, 각 가정에서 사용할 수 있는 깨끗한 물을 공급해 주는 시설이고, 하수도는 사용하고 버린 물이 하수 처리장을 거쳐 강이나 바다로 내보내는 시설이다. 그렇다면 중수도는 무엇일까? 중수도는 한 번 쓴 물을 다시 재활용하는 시설이다. 예를 들면 우리가 백화점에 있는 화장실에서 손을 씻으면, 그 물은 바로 버려지는 것이 아니라 자체 정화 시설을 거친 후에 그곳 화장실 양변기의 물로 재활용하도록 하는 것이다.

중수도는 주로 백화점·빌딩·공장 등에 많이 설치되어 있으며, 한 번 사용했던 물의 98%를 재활용하고 있다. 중수도는 하수 처리 비용을 절약하고, 물 소비량 또한 크게 감소시키는 효과가 있어 이 시설을 설치하는 것은 도심에 작은 댐을 하나 설치하는 것과 비슷한 효과를 낼 수 있다고 한다.

ThinkGen
중수도가 우리 학교에 설치된다면
어디에, 어떻게 활용할 수 있을까?

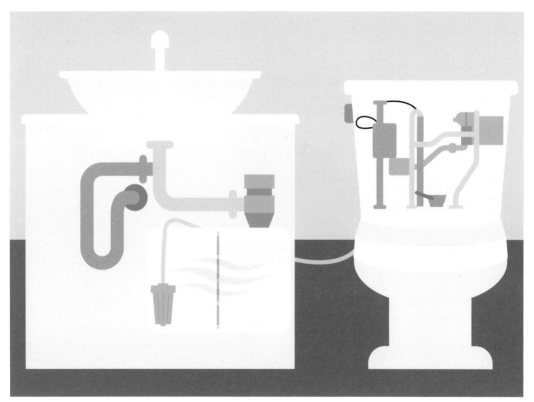

| **중수도의 원리(화장실)** 중수도는 상수도와 하수도의 중간에 위치하고 있다는 의미에서 나온 용어로, 우리나라에서는 중수도 시설을 설치하여 사용하면 수도 요금의 일부를 감면해 주는 혜택을 주고 있다.

지하댐

지하댐은 지하수가 흐르는 통로에 물막이 벽을 쌓고 지하수를 저장하여 펌프로 물을 끌어 올려 생활에 필요한 용수를 공급하는 시설이다. 지상에 설치하는 댐은 건설할 때 자연환경의 제한이 많고, 막대한 경제적 비용이 발생한다. 그러나 지하댐은 설치하기 위한 별도의 부지가 필요 없으며, 홍수가 발생했을 때 물을 강이나 바다로 흘러 보내는 것이 아니라 지하수로 저장함으로써 물을 재활용할 수 있는 장점이 있다. 그러나 많은 관리 비용이 필요하고, 잘못 설치할 경우에는 지반이 붕괴될 위험도 가지고 있다.

| 홍수 방지를 위한 사이타마의 지하댐

일본의 가바지마 지역은 하천이 없어 물을 공급받는 데 여러 가지 문제가 있었지만, 지하댐을 설치한 후에는 하루에 400톤에 가까운 물을 얻을 수 있게 되었다. 우리나라의 경우 충청남도 공주와 전라북도 정읍에 지하댐이 설치되어 농업에 필요한 용수를 공급하고 있다.

지하댐은 홍수를 방지할 수 있는 시설로도 활용될 수 있는데, 일본 사이타마의 경우에는 지하 공간에 많은 비가 왔을 때 물을 저장할 수 있는 시설을 갖추고 있다.

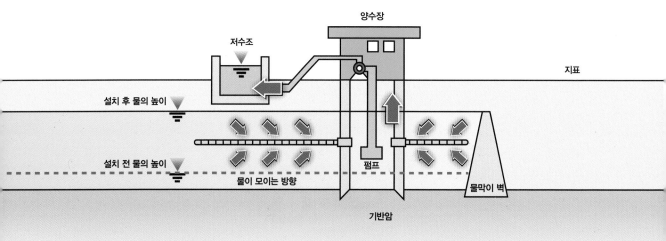

| 지하댐의 구조

해수 담수화

| 해수 담수화 시설

물 부족 현상이 발생하면 다른 경로를 이용하여 물을 얻어야 한다. 지구상에서 물이 가장 풍부한 곳은 바로 바다이다. 그러나 바닷물은 염분이 포함되어 있기 때문에 식수로 직접 이용할 수 없다. 그러나 해수 담수화 기술을 이용하여 염분을 제거하면 바닷물도 식수로 이용할 수 있다. 이 기술에는 여러 가지 방법이 있는데, 가장 전통적인 방법은 증류법이다.

↖ 바닷물 등에 함유되어 있는 소금기

증류법은 물을 가열하면 염분은 그대로 남고 증기가 발생하게 되는데, 이 증기를 차갑게 하여 다시 물로 바꾸는 것이다. 이 방법은 원리가 간단한 반면, 물을 가열하기 위해 많은 에너지가 소비되는 단점이 있다. 또 다른 방법으로는 역삼투압 방법이 많이 활용되고 있다. 역삼투압 방법은 순수한 물과 바닷물 사이에 반투과성막을 설치하고, 염분의 농도가 높은 바닷물에 높은 압력을 가하여 염분은 그대로 남기고 물 분자만 이동시켜 물을 얻는 방법이다. 현재 담수화 설비는 물이 부족한 중동 지역에 많이 설치되어 있으며, 우리나라의 기업들도 적극적으로 관련 기술을 개발하고 있다.

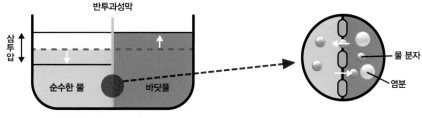

| 역삼투압의 원리

아하 그렇구나

바닷물을 바로 식수로 사용할 수 없는 이유는 무엇일까?

바닷물에는 3.5% 정도의 염분이 들어 있어 바닷물을 마시게 되면 우리 몸에서는 염분을 희석시키기 위해 마신 물의 1.5배 많은 소변을 배출해야 한다. 즉 염분을 너무 많이 먹으면 우리 몸은 위기감을 느끼고, 염분을 묽게 하여 제거하기 위해 세포 속의 물을 사용하게 된다. 이렇게 되면 세포의 정상적인 기능을 위한 필요한 물이 부족하게 되면서 우리 몸에는 탈수 현상이 일어난다.

토론 지속가능한 개발을 위해서 우리는 어떤 노력을 해야 할까?

기술과 환경은 밀접한 관계가 있다. 집을 짓기 위해서는 산과 들을 파헤쳐야 하고, 자동차를 움직이면 매연이 발생한다. 또, 다른 나라에서 과일을 수입하기 위해서는 비행기나 선박에 기름을 넣고 운행을 해야 한다. 즉 인류가 편리한 생활을 하기 위해 다양한 기술을 이용할수록 필연적으로 따라오는 것 중 하나가 자연을 훼손하는 일이다. 이러한 문제점을 해결하기 위해 등장한 개념이 바로 지속 가능한 개발이다.

지속가능한 개발이란 제한된 자원 속에서 무조건적인 경제 성장은 가능하지 않음을 인정하고, 현재와 미래 세대가 그들이 원하는 것을 골고루 충족시키면서 지속적으로 잘 살아갈 수 있도록 발전의 방향을 재정립하는 것이다. 2015년 9월 국제연합(UN)에서는 전 세계의 빈곤 문제를 해결하고 지속가능한 개발을 실현하기 위해 2030년 달성을 목표로 지속가능발전 목표를 결의하였다. 지속가능발전 목표는 빈곤, 기아, 환경문제, 에너지, 기후 조치 등 17개의 목표와 169개의 세부 목표로 구성되어 있다. 이러한 지속가능발전 목표를 달성하기 위해서는 앞으로 사회, 경제, 환경 등 여러 측면에서 다양한 노력이 있어야 할 것이다.

| UN에서 제시한 지속가능발전 목표

〈출처〉 지속가능포털(http://ncsd.go.kr)

1 단계   지속가능한 개발을 위해 우리는 어떤 노력을 할지 마인드맵을 그려 보자.

 2 단계   지속가능한 개발을 위해 사회 · 경제 · 환경 측면에서 어떤 노력이 필요할지 정리해 보자.

 인간이 생존하기 위해서는 에너지가 필요합니다. 추위를 이기기 위해서는 난방을 해야 하고, 먼
거리를 이동하기 위해서는 자동차나 비행기 등의 교통수단을 이용해야 합니다. 그러나 화석 에너지
의 무분별한 남용으로 인해 에너지 고갈, 환경 오염, 지구 온난화 등의 심각한 환경 문제가 발생하
고 있습니다.

 이 단원에서는 화석 에너지를 대체할 수 있는 친환경 에너지의 종류와 활용 방법에 대해 알아보
겠습니다.

친환경 에너지

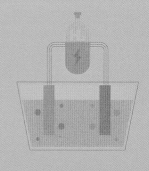

01 풍력 에너지

대관령, 비응도, 제주도의 공통점은 무엇일까? 바로 바람이 많이 부는 지형이라는 점이다. 이러한 특성을 이용하여 이곳에는 바람을 이용하는 풍력 발전기가 설치되어 있는데, 풍력 발전기를 이용하여 어떻게 전기를 생산할까?

풍력 발전이란 초속 4~5m 이상의 바람이 부는 지형에 풍력 터빈 등의 장치를 설치하여 풍력기의 날개가 도는 회전력으로 바람 에너지를 전기 에너지로 변환하는 발전이다. 풍력 에너지는 바람이 지속적으로 분다면 끊임없이 재생되며, 환경 오염 물질의 배출이 없다는 점에서 앞으로 유망한 대체 에너지원으로 주목받고 있다.

풍력 발전의 역사

인간은 오래 전부터 바람의 힘을 이용했는데, 인류 최초의 풍차는 1세기경 알렉산드리아의 헤론이 개발한 것으로 알려져 있다. 헤론은 극장에서 연주하는 오르간에 동력을 공급하기 위해 풍력을 사용하였다. 세계 최초의 자동 운전 풍력 터빈은 1888년 찰스 브러쉬에 의해 미국 클리브랜드에 설치되었는데, 총 발전 용량은 12kW, 높이 18m, 무게는 4t에 달했다고 한다.

우리나라에는 울릉도, 제주도, 포항 등 48개 지역에 336대(2013년 기준)의 풍력 발전기가 설치되어 있으며, 연간 60만kW의 전력을 생산하고 있다.

| 1888년 미국 클리브랜드에 설치된 최초의 풍력 터빈

풍력 발전기는 이론적으로 바람 에너지를 최대 60%까지 전기 에너지로 전환할 수 있다. 그러나 날개의 모양이나 기계의 마찰, 발전기의 효율로 인한 손실 등으로 실제 효율은 20~40% 수준에 머물고 있다. 따라서 바람의 세기와 지형에 따라 발전 효율을 높일 수 있는 적절한 풍력 발전기를 설치할 필요가 있다.

풍력 발전기의 종류

풍력 발전기는 날개의 회전축이 놓인 방향에 따라 수직축 풍력 발전기와 수평축 풍력 발전기로 구분할 수 있다.

수직축 풍력 발전기 회전축이 바람이 불어 오는 방향과 수직으로 설치되어 있으며, 주로 100kW급 이하의 소형 발전기에 사용된다. 수직 축 풍력 발전기는 바람의 방향에 영향을 받지 않아 사막이나 평원, 비교적 낮은 지역에 설치하기 적합하고 유지·보수가 용이하지만, 수평 축 풍력 발전기에 비해 효율이 떨어지는 단점이 있다.

| **수직축 풍력 발전기** 바람의 영향을 받지 않지만 소재가 비싼 단점이 있다.

수평축 풍력 발전기 회전축이 바람이 불어오는 방향과 평행하게 설치되어 있으며, 주로 중대형급 이상의 발전기에 사용된다. 수평축 풍력 발전기는 모든 풍속 범위에 대해 우수한 발전 효율을 보이며, 높은 타워를 설치하여 운영함으로써 더 많은 바람의 힘을 이용할 수 있는 것이 특징이다.

                       ♂ 철재를 사용하여 탑처럼 높고 뾰족하게 만든 구조물

| **수평축 풍력 발전기** 구조가 간단하여 설치하기가 쉽지만 바람의 방향에 영향을 많이 받는다.

해상 풍력 발전기

풍력 발전기는 육상뿐만 아니라 해상에도 설치할 수 있다. 해상 풍력 발전기는 육상에 비해 대규모 풍력 발전 단지를 조성하기 쉽고, 주민의 민원, 입지 여건 등의 문제를 해결할 수 있는 장점이 있다. 그러나 육상 풍력 발전기에 비해 경제성이 낮고, 고장이 발생했을 때 유지·보수가 어려운 단점이 있다. '바다 위의 발전소'라 불리는 해상 풍력 발전소는 일부 문제점이 있지만, 유럽을 중심으로 설치가 증가하고 있다. 영국은 전체 전력의 25%를 해상 풍력으로 공급할 계획을 세우고 있고, 덴마크도 적극적으로 해상 풍력 개발에 투자하고 있다. 우리나라도 탐라 해상 풍력 발전 단지(2017년)와 서남해 해상 풍력 실증 단지(2019년)를 완공하여 해상 풍력으로 청정 에너지를 얻기 위해 노력하고 있다.

| 영국의 해상 풍력 발전소

아하 그렇구나

네덜란드하면 떠오르는 '풍차', 그 쓰임은?

네덜란드는 비가 많이 내리고 국토가 해수면보다 낮은 지대에 위치해 있기 때문에 자연스럽게 물이 많이 차는 자연환경을 가지고 있다. 따라서 네덜란드는 물을 계속 퍼 올리기 위한 풍차가 많이 발달하였다. 풍차를 이용하면 물을 퍼 올릴 수 있을 뿐만 아니라, 곡식을 찧거나 염료를 만들 때에도 활용할 수 있다.

풍력 발전기의 날개가 3개인 이유

넓은 초원에서 시원한 바람을 맞으며 돌아가는 풍력 발전기는 주변의 자연 경관과 어울리는 멋진 풍경 때문에 영화나 드라마의 단골 배경이 되고는 한다. 이러한 풍력 발전기를 살펴보면 날개가 3개인 것을 알 수 있다. 날개를 2개로 만들 수도 있고, 4개나 5개로도 만들 수도 있는데 왜 하필 3개일까? 그 이유는 발전 효율성 · 안전성 · 경제성 때문이다.

길이 50m 정도의 풍력 발전기 날개 하나의 무게는 10t에 달한다고 한다. 이런 날개가 4~5개가 되면 바람을 받는 면적이 커지지만, 무게가 그 만큼 늘어나기 때문에 회전 속도가 느려져 발전 효율성이 떨어진다. 그리고 날개를 2개로 만들게 되면 무게는 가볍지만 충분한 바람을 받지 못하고, 돌풍이 발생하였을 때 날개가 뒤틀릴 우려가 있다.

풍력 발전기의 날개는 축에서 가까운 부분은 폭이 5m, 끝부분은 1m 정도이다. 날개를 넓게 만들면 바람을 많이 받을 수 있지만, 강풍이 불 때 날개가 견디지 못하고 부러져 큰 피해가 발생할 수도 있다. 그리고 풍력 발전기의 날개는 유리 섬유와 탄소 섬유를 접착하여 만드는데, 크게 만들수록 많은 비용이 든다. 즉 날개가 넓어질수록 제작 비용이 올라가기 때문에 경제성이 떨어진다.

02 태양광 에너지

자동차에 부착되어 고개를 까닥까닥하며 귀엽게 움직이는 인형을 본 적이 있을 것이다. 이 인형은 어떻게 움직이는 것일까? 인형을 자세히 살펴보면 작은 태양 전지가 들어 있는데, 여기에서 생산된 전기가 공급되어 움직임을 만들어 내는 것이다. 태양 전지는 어떻게 전기를 만들어 낼까?

태양광 에너지는 태양의 빛 에너지를 활용하는 방식으로 가장 대표적인 것이 태양 전지이다. 이 전지는 태양의 빛 에너지를 직접 전기 에너지로 바꾸는 장치이다.

태양 전지는 N형 *반도체와 P형 반도체의 접합으로 이루어져 있는데, 이 접합부에는 전기장이 형성된

⤷ 전기의 힘이 작용하는 장소

ThinkGen

태양 전지는 더 많은 빛 에너지를 받으면 전력 생산이 늘어난다. 더 많은 빛을 얻기 위한 방법에는 어떤 것이 있을까?

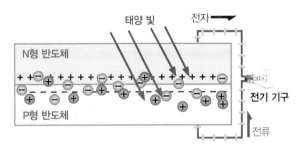

| 태양 전지의 원리

다. 태양의 빛 에너지가 가해지면 자유 전자가 자유롭게 움직일 수 있는 *광전 효과가 일어나는데, *자유 전자가 전계와 만나면 전기장에 의해 자유 전자는 N형 반도체 쪽으로, 정공은 P형 반도체 쪽으로 이동하게 된다. 이때 전위차가 발생하게 되며, 외부 도선에 전자가 흐르는 현상, 즉 전기가 발생하게 된다. 태양 전지는 빛 에너지를 직접 전기 에너지로 바꾸기 때문에 그 활용 범위가 매우 넓어서 자동차, 비행기, 선박 등에 활용되고 있다.

⤷ 전기를 띤 물체 주위에 전기 작용이 존재하는 공간

아하
그렇구나

N형 반도체와 P형 반도체의 차이는?

P형 반도체	N형 반도체
① 진성 반도체에 3가원소의 불순물을 첨가	① 진성반도체에 5가원소의 불순물을 첨가
② (+) 성질을 가짐	② (−) 성질을 가짐
③ 정공이 많은 반도체	③ 자유 전자가 많은 반도체

⤷ 전기적으로 중성인 원자가 전자를 잃어 양전하를 띠게 된 것

*
반도체 도체와 부도체의 중간 성질을 가지며 조건에 따라 도체가 되기도 하고 부도체가 되기도 한다.
광전 효과 일정한 에너지 이상의 빛을 비추었을 때, 물질에서 전자가 이동하는 현상이다.
자유 전자 진공이나 물질 속에서 외부로부터 힘을 받는 일이 없이 자유롭게 떠돌아다니는 전자를 말한다.

사례1 태양광 자동차

태양광 에너지에 대한 연구가
가장 활발한 분야는 자동차
산업이다. 자동차에 태양 전지를
부착하게 되면, 태양이 있을 때 발전한
전기를 축전지에 저장하여 자동차를 구동
시키게 된다. 매년 전 세계적으로 태양광
자동차 대회가 열릴 정도로 기술의 상용화
가 가까워지고 있다.

| **태양 빛만 있으면 가는 태양광 자동차** 자동차 지붕 위에 태양광 집열판을
달아 에너지원을 바로 얻을 수 있게 한다.

사례2 태양광 비행기

2016년, 하늘에서는 태양광 비행기 '솔라임펄스 2호'가 세계 일주에 성공하였다. 이 비행기는 날개 윗
면이 태양 전지로 이루어져 있고, 여기서 얻은 전기를 이용하여 엔진을 가동한다. 궂은 날씨가 지속되면
전기를 충분하게 얻지 못하여 중간에 착륙할 때도 있지만, 이러한 도전 정신은 태양광 에너지의 발전을
촉진시키고 있다.

| **태양광 비행기 솔라임펄스 2호** 17,000여 개가 넘는 태양 전지판을 부착하기 위해 72m에 달하는 거대한 날개를 가졌지만, 무게는
2,000kg 정도로 비교적 가벼운 것이 특징이다.

사례3 태양광 선박

선박은 대량의 화물을 싣고 다니기 때문에 많은 양의 에너지가 필요하다. 선박에 태양 전지를 부착함으로써 화석 에너지의 사용을 줄일 수 있다. 세계 최대 태양광 선박인 '튀라노 플래닛 솔라(Turanor Planet Solar)'는 2010년 9월부터 2012년 5월까지 584일 동안 세계 일주를 완료하였고, 2013년에는 대서양 횡단에도 성공하였다. 이 배의 갑판은 모두 태양 전지로 덮여 있는데, 태양 전지에서 만들어진 전기를 리튬 이온 배터리에 저장하여 배의 동력원으로 사용하며, 태양이 없어도 4일 동안 항해할 수 있다.

| **태양광 선박 '튀라노 플래닛 솔라'** 배의 길이는 31m, 폭은 15m 정도이며, 배의 갑판 전체에 부착된 태양 전지에서 전기 에너지를 얻어 항해한다.

○∃ 태양열 에너지

태양이 한 시간 동안 지구의 지표면에 보내는 에너지의 양은 인류가 1년 동안 소비하는 에너지의 양과 비슷하다고 한다. 이 엄청난 에너지를 석유나 석탄을 대체하는 에너지원으로 사용할 수는 없을까?

태양은 모든 에너지의 근원으로 지구상에 끊임 없이 에너지를 공급하고 있다. 태양의 크기는 지구보다 지름이 109배나 크며, 무게는 태양계 전체의 99%를 차지한다. 태양에서는 핵융합 반응이 끊임없이 일어난다. 핵융합 반응이란 수소의 원자핵이 헬륨으로 융합하는 것을 의미하는데, 이 과정에서 막대한 에너지가 방출된다. 이 에너지는 열과 빛의 형태로 지구상에 전달되고 있으며, 지구상의 모든 생명체는 태양 에너지를 이용하고 있다.

태양 에너지를 가장 직접적으로 이용하는 방식은 태양열이다. 뜨겁게 내리쬐는 태양열을 한곳에 모으면 높은 열에너지를 얻을 수 있는데, 이것은 돋보기와 같은 볼록 렌즈로 태양열을 모아 종이를 태울 수 있는 것과 같은 원리이다. 태양열 에너지는 크게 태양열 발전과 태양열 난방으로 활용되고 있다.

태양열 발전

태양열은 반사 유리를 통해 집열판이라는 곳에 모아지게 되고, 여기서 발생하는 열로 물을 끓여 수증기를 발생시킨다. 그리고 이 수증기로 터빈을 돌려 전기를 생산하게 된다.

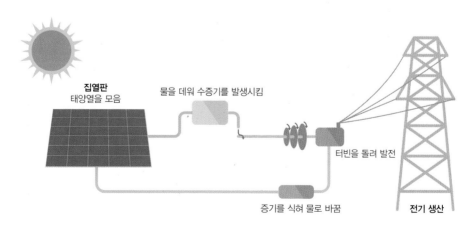

집열판
태양열을 모음

물을 데워 수증기를 발생시킴

터빈을 돌려 발전

증기를 식혀 물로 바꿈

전기 생산

| 태양열 발전의 원리

사례 이반파 태양열 발전소

　2014년, 미국 캘리포니아 주의 모하비 사막에는 세계 최대 규모의 이반파 태양열 발전소가 가동되기 시작하였다. 이 발전소는 총 400만MW급의 발전 용량을 갖추고 있으며, 여기에서 생산된 전력은 약 14만 가구에 전기를 공급할 수 있다고 한다.

　이반파 태양열 발전소의 총 면적은 14.2㎢에 달하며, 집열 장치인 대형 거울이 약 173,500개나 설치되어 있다. 이 대형 거울은 태양을 따라 움직이며, 거울에서 모아진 열은 140m 높이에 있는 집열 타워에 전달되어 물을 데우고, 여기에서 발생된 증기가 터빈을 돌려 전기를 생산한다.

| 이반파 발전소의 집열 타워

| 미국의 이반파 태양열 발전소

태양열 난방

태양열 난방 장치는 집열판으로 태양열을 모은 후 뜨거운 열을 이용하여 찬물을 데운다. 이 뜨거운 물은 온수 탱크에 저장되었다가 목욕을 하거나 설거지를 하는 등 가정에서 생활용수로 활용하게 된다. 최근 친환경 주택에 관심이 많아지면서 자체적으로 태양열 난방 장치를 많이 설치하고 있다.

| 태양열 난방 장치의 원리

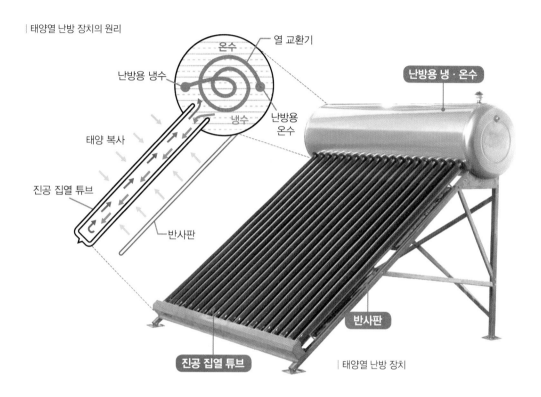

| 태양열 난방 장치

아하 그렇구나

태양열 조리기란?

태양열 조리기는 햇빛의 열을 이용하여 음식을 조리하는 기구이다. 햇볕이 강한 인도에서는 학교 공장, 병원 등 열에너지가 필요한 곳에서 태양열 조리기를 활용하고 있다. 가장 많이 활용되고 있는 태양열 조리기는 독일의 발명가 볼프강 쉐플러가 발명한 '쉐플러 조리기'이다. 큰 접시 모양의 판처럼 생긴 쉐플러 조리기는 최고 온도가 1,400℃까지 올라간다. 인도의 티푸파티시에 있는 힌두 사원인 티루물라 사원에서는 100여 개의 쉐플러 조리기를 이용하여 하루 최대 10만 명에 가까운 사람들의 식사를 해결하고 있다.

| 티루물라 사원에 설치된 태양열 조리기

| 개별 분산 방식(스페인의 PSA 발전소) 소규모 발전에 많이 활용되며, 고반사율의 반사판을 통해 태양열을 수집한다. 일반적으로 태양의 움직임에 따라 회전하기 때문에 효율이 매우 높다.

| 복합 방식(모로코의 아인베니마타 발전소) 태양열 발전과 화력 발전을 결합한 발전 방식으로 일조 조건에 따라 항상 일정한 발전을 유지할 수 있다. 일조량이 풍부할 때는 주로 태양열 발전을 이용하고, 일조량이 부족할 때는 태양열 발전과 함께 화석 에너지를 이용하여 전기를 생산한다.

태양열 발전의 종류

| **라인 집중 방식(모로코의 라프리마 발전소)** 주로 대규모의 발전에 사용되며, 포물선 형태의 반사판 앞에 놓인 집열관에 태양열을 수집한다. 집열 온도가 약 400℃로 다른 방식에 비해 집열 온도가 낮다.

| **중앙 집중 방식(남아프리카공화국의 메가임피안토 발전소)** 최근 대규모 발전에 가장 많이 채택되는 방식으로 모든 반사판이 중앙의 집열 타워를 향하게 하여 태양열을 모은다. 1,000℃까지 집열 온도를 올릴 수 있어 효율이 높지만, 초기 투자 비용이 많이 든다.

04 수력 에너지

우리 조상들은 물레방아를 이용하여 곡식을 찧거나, 물의 흐름을 이용하여 시간을 알려 주는 장치를 만들어 사용하기도 하였다. 이처럼 자연적으로 흐르는 물의 힘을 인간에게 유용한 에너지로 바꿀 수는 없을까?

수력 발전은 높은 곳에 있는 저수지나 하천의 물이 떨어지는 힘으로 수차를 회전시켜 전기를 생산한다. 수력 발전의 장점은 발전 원가가 낮고, 오염 물질의 배출이 거의 없으며, 다른 대체 에너지에 비해 높은 에너지 밀도를 가지고 있다. 반면, 수력 발전소를 설치하기 위해서는 유량이 풍부해야 하고, 적절한 지형을 갖추고 있어야 한다. 또, 댐을 짓기 위해서는 건설 비용이 많이 들고, 댐으로 인한 생태계 변화나 환경 오염을 불러일으킬 수도 있다.

↗ 일정한 단위 시간 내에 흐르는 물의 양

수력 발전의 종류에는 크게 수력 발전, 소수력 발전, 양수 발전 등이 있다.

수력 발전

우리나라는 비가 많이 오는 계절과 그렇지 않은 계절에 따라 유량의 변화가 크고, 낙차가 큰 지형이 많지 않기 때문에 수력 발전소를 건설하는 데 있어서 다소 불리하다. 이처럼

↗ 높은 곳에서 낮은 곳으로 떨어지는 물의 높낮이 차이

| **청평댐** 경기도 가평군에 있으며 높이 31m, 제방 길이 470m의 콘크리트 중력댐이다.

불리한 자연 조건을 극복하기 위해 수로식, 유역 변경식, 댐식, 양수식 등 다양한 발전 방식을 이용하여 지형에 맞는 수력 발전소를 건설하고 있다.

수로식　강의 상류를 막아 물을 가둘 수 있는 댐을 만든 후 낙차가 큰 지점으로 물길을 유도하여 발전하는 방식으로, 주변에 경사(낙차)가 급한 지점에 수로를 설치한다. 우리나라에서는 화천댐, 합천댐 등이 대표적이다.

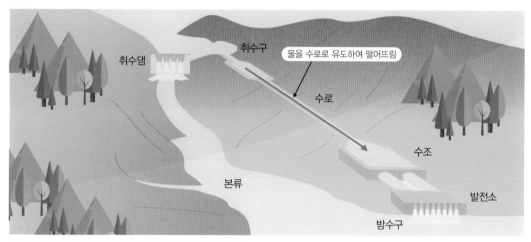

| **수로식 발전** 자연 낙차나 자연 유량을 이용하는 곳에 유리하다.

유역 변경식　하천의 반대편에 급경사가 있을 때, 새로운 수로를 설치하여 연결함으로써 물의 낙차를 크게 하여 발전하는 방식이다. 강릉 수력 발전소는 도암댐에서 취수한 물을 동해 쪽으로 유도하여 수직 터널에서 물을 낙하시켜 발전한다. 현재 이 발전소는 수중 생태계 혼란 등의 환경 오염 문제로 인해 가동이 중지된 상태이다. 유역 변경식 발전을 적용한 댐으로는 장진강댐, 부전강댐, 섬진강댐 등이 있다.

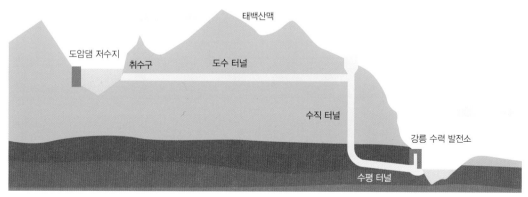

| **강릉 수력 발전소에 설치된 유역 변경식 발전** 강의 자연적인 흐름을 인공적으로 바꾸어 낙차를 크게 하여 발전한다.

댐식 가장 보편적인 수력 발전 방식이다. 인공호를 만들어 댐의 낙차를 이용하여 발전하는 방식으로, 유량이 풍부하고 경사가 완만한 하천에 많이 설치한다. 우리나라에서는 춘천댐, 의암댐, 대청댐 등이 대표적이다.

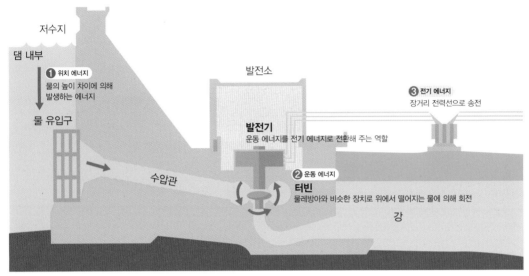

| **댐식 발전** 물의 위치 에너지가 터빈의 운동 에너지로 전환되고, 이것이 다시 전기 에너지로 변환되는 방식이다.

물을 퍼 올림
양수식 상부와 하부에 각각 저수지를 만든 다음, 전력 사용이 적은 심야나 휴일에 남은 전력을 이용하여 하부 저수지의 물을 상부 저수지로 퍼 올린 후 전력 사용이 많을 때에 발전하는 방식이다.

양수식을 위해서는 발전소보다 높은 위치에 물을 충분히 저장할 수 있는 저수지가 있어야 하는데, 우리나라에서는 양양댐, 청평댐, 무주댐 등이 대표적이다.

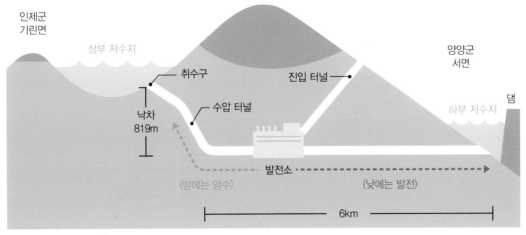

| 양수식 발전(양양댐)

소수력 발전

일반적으로 대규모의 댐을 건설하기 위해서는 많은 비용, 생태계 파괴, 주민의 반대, 토지 보상 등 다양한 문제가 발생한다. 이런 이유로 최근에는 소규모의 소수력 발전 방식을 많이 채택하고 있다. 현재 우리나라는 10,000kW 이하의 발전 설비를 소수력으로 규정하고 있다. 앞에서 살펴보았

│동진강의 소수력 발전소

던 수로식, 댐식, 양수식 발전도 용량에 따라 소수력 발전이 가능하다.

소수력 발전은 설치 규모가 작기 때문에 지형의 제한을 덜 받고, 도시에 흐르는 하천에도 쉽게 설치할 수 있는 장점이 있다. 일본의 사이타마시는 정수장으로부터 흘러온 물을 배분하기 위한 배수장에 수차를 설치하여 700세대가 이용할 수 있는 전기를 생산하고 있다.

아하
그렇구나

수차의 종류에는 무엇이 있을까?

수차는 물레방아 등에 쓰인 동력 장치로, 물의 역학적 에너지를 기계적 에너지로 변환하여 동력을 발생시키는 장치이다. 수차의 종류에는 크게 충동 수차와 반동 수차가 있다.

│**충동 수차** 날개차의 버킷에 물을 빠른 속도로 충돌시켜 수차를 회전시키며, 수량이 적고 낙차가 큰 경우에 주로 쓰인다. 대표적으로 팰턴 수차가 있다.

│**반동 수차** 물이 날개차를 통과하면서 생기는 반동력으로 수차를 회전시킨다. 수량이 많고 낙차가 작은 경우에 주로 쓰인다. 대표적으로 프란시스 수차, 프로펠러 수차, 카프란 수차 등이 있다.

| **중력댐(미국의 그랜드쿨리댐)** 댐 자체를 많은 양의 콘크리트로 채워서 댐의 무게만으로 수압을 지탱할 수 있게 설계한 댐이다. 구조가 간단하고 지진에 안전한 특성을 가지고 있지만, 건설비가 많이 드는 단점이 있다.

| **아치댐(스페인의 엘아타자댐)** 활처럼 휜 곡선 모양의 댐으로 수압을 아치 모양을 따라 양쪽으로 분산시킨다. 강한 수압을 버텨야 하기 때문에 양 끝은 단단한 암석으로 된 지형이어야 한다. 중력댐에 비해 설계가 쉽고 건설비가 적게 드는 장점이 있다.

댐의 종류

| **부벽댐(프랑스의 로제렌드댐)** 수압을 지탱하기 위해 부벽(받침대)이 설치된 댐으로, 중력댐에 비해 재료가 적게 드는 장점이 있다. 재료의 운반이 어렵거나 건설비가 제한될 때 많이 사용하는 방식이다.

| **록필댐(레소토의 모할래댐)** 댐의 건설 과정에서 나온 주변의 암석을 쌓아 올려 주 구조를 만들고, 흙이나 콘크리트로 물이 새지 않게 보강하여 만든 댐이다. 주변의 재료를 이용하기 때문에 건설비가 적게 들며, 지반이 약한 장소에도 설치할 수 있는 장점이 있다.

05 바이오 에너지

브라질의 주유소에는 자동차의 연료로 사용되는 가솔린과 알코올의 가격이 함께 표기되어 있다. 가솔린의 가격은 2.39레알(약 1,106원), 알코올의 가격은 1.21레알(약 560원)로 알코올이 절반 정도 싸다. 주유소에 오는 손님들은 대부분 가격이 저렴한 알코올을 주문한다. 그런데 이 알코올은 어떻게 만들어졌을까?

주유소에서 판매하는 알코올은 브라질에서 많이 생산되는 작물 중 하나인 사탕수수에서 얻어진 것이다. 사탕수수에서 포도당을 얻은 뒤 발효 과정을 거치면 자동차의 연료로 사용할 수 있는 알코올을 얻을 수 있다. 이처럼 동식물이나 *미생물을 통해 얻을 수 있는 에너지를 통칭하여 바이오 에너지라고 한다.

| 브라질의 주유소에서 볼 수 있는 자동차 연료 알코올의 가격표

브라질은 석유 문제를 극복하기 위해 1970년대부터 자동차에도 알코올을 사용할 수 있는 방안을 연구하였다. 현재 브라질에서 판매되는 대부분의 자동차는 가변 연료 차량(FFV: Flexible Fuel Vehicle)인데, 이 자동차는 알코올과 휘발유를 바꿔가며 쓸 수 있다.

브라질은 600만 *헥타르의 면적에 알코올의 원료가 되는 사탕수수를 재배하면서 바이오 에너지 분야의 강국을 꿈꾸고 있다.

---
*

미생물 눈으로 식별할 수 없을 만큼 작아서 현미경으로만 관찰할 수 있는 생물들을 말한다.

헥타르 1헥타르(ha)는 1만 m²

바이오 에너지의 종류

사탕수수 외에도 우리 주변에 있는 나무를 베어 땔감으로 쓴다거나, 음식물 쓰레기를 발효시켜 메테인을 얻는 활동 등이 바로 바이오 에너지와 관련된 것이다.

질문이요 바이오 에너지는 어떤 방법으로 얻을 수 있을까?

바이오 에너지는 다음과 같은 방법으로 얻을 수 있다.

종류	재료	생산 방법
바이오 디젤	*유지 작물	유채, 콩, 해바라기 등에서 기름을 추출하여 디젤 연료로 활용한다.
바이오 에탄올	전분 작물	보리, 옥수수, 사탕수수 등에서 포도당을 발효시켜 알코올을 얻는다.
직접 연소(땔감)	섬유소 식물체	나무, 볏짚, 코코넛 껍질 등을 직접 태워서 사용한다.
메테인	유기성 폐기물	음식물 쓰레기, 가축의 분뇨 등을 혐기 발효하여 메테인을 얻는다.

우리나라의 바이오 에너지

우리나라에서는 바이오 에너지를 어떻게 생산하고 있을까? 가장 많이 이용되는 방법은 가축의 배설물을 이용하여 메테인을 얻는 것이다.

축산 농가에서 발생하는 대량의 배설물은 처리하는 데 많은 비용이 들어갈 뿐만 아니라, 즉시 처리하지 못하면 악취를 풍기거나 위생에 좋지 못하기 때문에 가능한 빨리 처리해야 한다. 따라서 축산 농가에서는 소와 돼지 등의 배설물을 수집하여 공기가 없는 상태에서 *혐기 발효시켜 연료로 쓸 수 있는 메테인을 얻을 수 있다. 이는 농가에 축산 폐기물을 처리하는 비용을 줄여줄 뿐만 아니라, 농가의 수익에 기여하기도 한다.

2014년 2월, 울산에서는 바이오 에너지 센터가 준공되었는데, 이 센터는 울산 지역의 가축 분뇨와 음식물 쓰레기를 처리하고, 이 과정에서 얻은 연료를 인근 기업에 다시 파는 폐기물 처리장이다. 이 시설의 처리 용량은 하루에 음식물 쓰레기 100톤, 가축 분뇨 50톤 정도를 처리할 수 있다. 이를 통해 음식물 처리 비용을 줄이고 환경 오염 문제를 해결하는 데 기여할 수 있게 되었다.

| 울산의 온산 바이오 에너지 센터 조감도

*
유지 작물 주로 식용의 기름을 짜기 위하여 심는 작물들을 말한다.
혐기 발효 산소가 없는 상태에서 미생물을 배양하여 원하는 생산물을 얻는 것을 말한다.

바이오 에너지 생산에 따른 문제

바이오 에너지가 대체 연료로 주목받고 있지만, 곡물 가격의 상승과 환경 오염의 원인이 되는 등의 문제를 가지고 있기도 하다.

첫째, 인간의 식량이 되는 밀·옥수수·콩 등이 바이오 에너지의 원료로 사용되어 수요가 증가하면 *애그플레이션(agflation)이 발생할 수 있다. 근래에는 중국, 인도와 같이 인구가 많은 나라에서 곡물 수요가 증가하고, 바이오 에너지 기술도 다양하게 발전하면서 더 많은 곡물을 필요로 하고 있다. 사람이나 동물의 식량인 곡물이 바이오 에너지의 원료로 사용되면서 가격이 폭등하고 가난한 나라에서는 굶주리는 사람들이 늘고 있다.

둘째, 바이오 에너지를 얻기 위해 산림을 황폐화시켜 사막화 현상이 발생하기도 하고, 많은 나무를 땔감으로 사용하여 공기가 오염되는 현상이 늘어나기도 한다. 이렇듯 바이오 에너지는 득과 실의 양면성을 가지고 있다. 따라서 우리 인간이 바이오 에너지를 어떻게, 적정 수준을 어디에 맞추느냐에 따라 유익한 에너지가 될 수도, 그렇지 않은 에너지가 될 수도 있음을 명심해야 한다.

아하 그렇구나

바다에서 바이오 에너지를 얻을 수 있을까?
바이오 에너지는 보통 육지에서 자라는 나무나 풀 등에서 얻을 수 있지만, 해조류와 같은 해양 생물을 통해서도 얻을 수 있다. 이에 적합한 작물이 홍조류에 속하는 우뭇가사리이다. 우뭇가사리에는 탄수화물이 70~80% 정도 포함되어 있기 때문에 발효와 농축, 증류의 과정을 통해 바이오 에너지를 얻을 수 있다. 우뭇가사리는 연간 4~6회까지 수확할 수 있을 정도로 생장 속도가 빠르고, 키우는 데 특별한 노력이 들지 않는다.

| 우뭇가사리

우뭇가사리를 이용하여 바이오 에너지를 얻는 사업은 정부의 신성장 동력 사업의 하나인 해양 바이오 산업으로 선정되어 지속적인 투자가 이루어지고 있다. 특히 우리나라와 같이 작물이 자랄 수 있는 농경지가 부족한 국가에서는 해양 자원을 이용한 바이오 에너지 연구는 큰 부가 가치를 창출할 것으로 기대되고 있다.
ꕯ 생산 과정에서 새로 덧붙인 가치

---

* 애그플레이션(agflation) 농업을 뜻하는 'agriculture'와 물가 상승을 뜻하는 'inflation'의 합쳐진 말로, 농산물의 가격 상승에 따라 일반 물가가 상승하는 것을 말한다.

06 지열 에너지

겨울이 되면 따뜻한 온천이 생각난다. 사람들은 온천에서 가족과 함께 피로를 풀며, 즐거운 시간을 보내기도 한다. 그런데 온천물은 어떻게 따뜻한 온도를 유지할 수 있을까?

온천물이 따뜻함을 유지할 수 있는 이유는 바로 지열 에너지 때문이다. 지열 에너지는 지구가 가지고 있는 열에너지를 의미하는 것으로, 지표면에서 지하로 내려갈수록 땅의 온도가 점차 상승하기 때문에 발생한다. 이 에너지는 지열 발전, 지열 난방 등에 활용할 수 있다.

지열 발전

지열을 이용하는 가장 대표적인 방식은 지열 발전이다. 세계 최초의 지열 발전소는 1904년 이탈리아 토스카나 지역의 라드데렐로에 세워졌는데, 약 140~260℃의 지열을 이용하여 증기를 발생시켜서 터빈을 돌려 에너지를 얻었다. 이 발전소는 현재에도 500㎿급의 지열 발전기를 가동하여, 지역에 전기를 공급하고 있다.

메가와트(megawatt)

세계 최대의 지열 발전소는 미국 샌프란시스코 게이저스 지역에 있다. 이 지역에는 총 22개의 지열 발전소가 있으며, 총 1,000㎿에 달하는 전력을 생산한다. 이 전력은 725,000 가구가 동시에 사용할 수 있는 양으로 샌프란시스코의 도시 전력을 모두 충당할 수 있는 규모이다.

| 게이저스 지열 발전소

이 발전소의 특징은 발전에 필요한 물을 지하수가 아닌 생활 하수를 이용한다는 것이다. 즉 시민들이 생활하면서 사용하고 버리는 생활 하수를 일정 부분 정화하여 지열로 가열한 후, 여기에서 발생하는 증기로 터빈을 돌려 전기를 생산하는 방식을 사용한다.

지열 발전은 별도의 공해 물질을 배출하지 않는 청정 에너지로, 또 다른 연료 없이 24시간 발전소를 가동할 수 있어 많은 양의 전기를 생산할 수 있다. 또한 폐기물이 발생하지 않으며, 유지 및 보수에 드는 비용도 매우 저렴한 편이다. 단, 지열 발전이 가능한 입지 조건을 찾는 데 어려움이 있다. 우리나라에서도 지열 발전의 효용성에 대해 인식하고 많은 투자와 연구가 이루어질 필요가 있다.

지열 난방

지열 에너지는 전기 생산뿐만 아니라 가정이나 온실의 난방용으로도 활용할 수 있다. 특히 농촌에서 지역 난방을 온실에 활용하면 연중 일정한 온도로 작물을 재배할 수 있는 장점이 있다. 온실의 지하에 지열 흡수 파이프를 설치한 후, 여기에 물을 흐르게 하면 지열로 뜨거워진다. 이 뜨거운 물이 지열 교환기로 보내져 찬물을 데우고, 이렇게 데워진 물은 온실로 보내져 난방을 하게 된다. 이 시설은 초기 설치 비용이 많이 들지만, 이후에는 별도의 난방비가 들지 않기 때문에 장기적으로는 경제적 효과가 매우 크다.

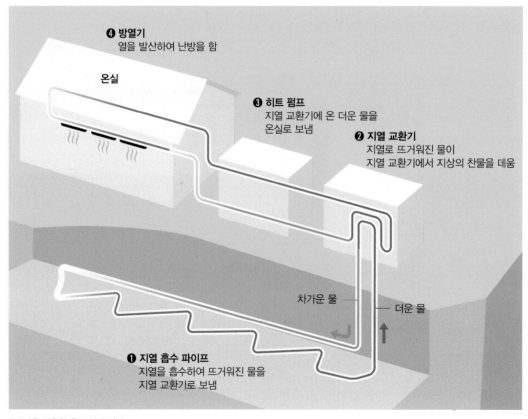

❹ 방열기
열을 발산하여 난방을 함

온실

❸ 히트 펌프
지열 교환기에 온 더운 물을
온실로 보냄

❷ 지열 교환기
지열로 뜨거워진 물이
지열 교환기에서 지상의 찬물을 데움

차가운 물

더운 물

❶ 지열 흡수 파이프
지열을 흡수하여 뜨거워진 물을
지열 교환기로 보냄

| 지열을 이용한 온실 난방 과정

07 해양 에너지

지구 표면의 약 71%를 차지하는 바다는 고여 있는 물이 아니다. 항상 파도가 치고 있으며 특정 방향으로 흐르는 등 끊임 없이 움직이고 있다. 바다에서 자연스럽게 발생하는 이 현상을 에너지로 활용하는 방법은 없을까?

바다를 이용하여 에너지를 얻을 수 있는 방법에는 크게 조력 발전, 조류 발전, 파력 발전, 해수 온도차 발전 등이 있다.

조력 발전

조력 발전은 바닷물의 밀물과 썰물을 이용하여 전기 에너지를 얻는 방법으로 단류식과 복류식으로 나눌 수 있다.

단류식   *바다가 육지 속으로 파고들어와 있는 곳* 만을 방조제로 막아 밀물 때 유입되는 바닷물을 이용하여 발전하는 창조식 발전과 밀물 때 들어온 물을 가두어 높은 수위를 만들었다가 썰물 때 물을 한꺼번에 방류하면서 발전하는 낙조식 발전이 있다.

복류식   방조제를 사이에 두고 밀물과 썰물 때 발생하는 수위 차를 이용하여 양쪽 방향으로 발전하는 방식이다.

세계 최초의 조력 발전소는 1966년에 준공된 프랑스의 랑스 조력 발전소로 연간 약 5억 kWh의 전기를 생산하고 있으며, 다른 나라의 조력 발전의 모델이 되고 있다.

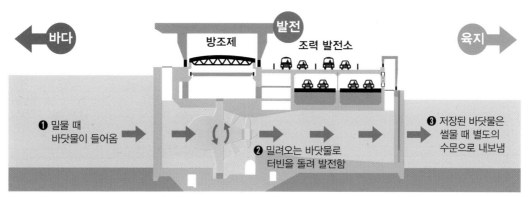

| 조력 발전의 원리(단류식 창조 발전)

우리나라에서 조력 발전소를 설치하기 좋은 곳은 조석 간만의 차이가 큰 서해안이다. 서해안에 설치된 시화호 조력 발전소는 우리나라 최초이자 세계 최대의 조력 발전소이다. 이곳에서는 하루에 두 차례 발생하는 밀물과 썰물을 이용하여 연간 5억 5천만 kWh의 청정 에너지를 생산하고 있으며, 이는 50만 명이 1년간 사용할 수 있는 전력량이다. 아울러 시화호 조력 발전소는 인공 호수인 시화호에 하루에 두 차례씩 바닷물을 유입시킴으로써 시화호의 오염 문제 해결에도 기여하고 있다.

조력 발전은 조석 간만의 차가 큰 지역이 적합하므로 입지 조건의 제약을 받으며, 기반 시설을 설치하는 데 있어서 많은 비용이 드는 단점이 있다. 하지만 조력 발전소에 대한 기술은 계속 발전하고 있어서 갈수록 경제성 및 환경에 대한 문제가 해소될 것으로 예측되고 있다.

| **시화호 조력 발전소 전경** 단류식(창조식) 발전으로 전기를 생산한다.

아하 그렇구나

조력 방앗간이란?
🔎 조수 간만의 차로 일어나는 에너지

인류는 언제부터 조력을 이용했을까? 로마 시대부터 등장한 조력 방앗간이 그 시초라고 할 수 있다. 조력 방앗간은 조수 간만의 차이가 큰 지역에 설치하여 밀물 때 들어온 물을 가두었다가 썰물 때 수문을 열어 물레방아를 돌려서 곡식을 찧을 때 사용했다고 한다.

| 조력 방앗간

조류 발전

조류 발전은 바닷물의 흐름을 이용하여 발전하는 방식으로, 바닷물의 흐름이 빠르게 나타나는 해역에 댐이나 방파제와 같은 별도의 시설 없이 바닷속에 설치한 터빈을 돌려 전기를 생산한다.

조류 발전은 조력 발전에 비해 설치 비용이 적게 들고, 선박이나 어류의 이동에 피해

| 조류 발전의 원리

를 주지 않으며, 주변 생태계에 영향을 주지 않아 환경친화적이다. 그러나 조류의 흐름이 빠른 곳에 터빈을 설치해야 하기 때문에 발전소를 짓는 데 어려움이 있다.

우리나라 남해의 울돌목은 조류의 흐름이 매우 빠른 곳으로, 임진왜란 때 이순신 장군이 조류의 힘을 이용하여 대승(명량대첩)을 거둔 곳이기도 하다. 울돌목에는 현재 울돌목 시험 조류 발전소가 설치되어 있는데, 이 발전소는 2005년 4월에 착공하여 2009년 5월에 완공되었다. 울돌목 시험 조류 발전소의 사업 시행을 맡고 있는 한국해양과학기술원에서는 시험 발전을 통해 경제성을 확보하기 위한 관련 기술을 연구 · 개발하고 있다.

| 울돌목 시험 조류 발전소

파력 발전

파력 발전은 파도의 힘을 이용하는 방법으로, 기본 원리는 파도에 의한 해수면의 상승 운동을 이용하여 압축되는 공기로 터빈을 돌려 전기를 얻는 방식이다. 시설 내의 해수면이 하강하면 내부의 공기 압력이 낮아져 외부로부터 공기가 유입되는데, 이때 터빈을 돌리게 된다. 반대로 해수면이 상승하면 시설 내의 공기 압력이 커져 밖으로 공기가 배출되는데, 이때 터빈을 돌리게 된다.

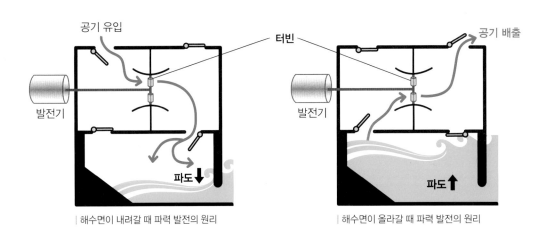

| 해수면이 내려갈 때 파력 발전의 원리 | 해수면이 올라갈 때 파력 발전의 원리

파력 발전은 소규모로 설치할 수 있으며, 한 번 설치하면 영구적으로 사용할 수 있다는 장점이 있다. 그러나 파도가 일정하지 않기 때문에 생산되는 전력량을 예측할 수 없으며, 파도가 세게 치는 장소에 설치해야 하는 입지 선정의 어려움과 같은 단점이 있다.

스페인은 2011년에 유럽 최초로 상업용 파력 발전소를 건설하였는데, 이 발전소는 연간 60만kW의 전력 생산이 가능해 인근 600여 가구에 전력을 공급하고 있다. 우리나라는 제주도, 포항 등에 파력 발전소를 설치하기 위한 연구를 진행하고 있다.

🖋 버려진 배

폐선을 이용한 파력 발전이란?

파도의 힘을 이용하여 에너지를 얻기 위한 방법 중에 폐선을 이용한 파력 발전이 있다. 수명이 다한 선박을 폐기하기 위해서는 많은 비용이 들고, 폐기하는 과정에서 환경 오염이 발생하기도 한다. 그런데 그림과 같이 폐선에 부표만 설치하면 간단한 파력 발전소로 활용할 수 있다. 즉 파도가 치면 부표가 위아래로 움직이게 되는데, 이때 발생하는 기계적 에너지를 이용하여 터빈을 돌려 전기를 생산할 수 있는 것이다.

해수 온도차 발전

해수 온도차 발전은 수심에 따른 바닷물의 온도차와 암모니아나 프레온처럼 끓는점이 낮은 물질을 이용하는 방식이다. 바닷물의 표면 온도는 평균 20℃를 넘지만, 심해는 4℃정도로 거의 일정하게 유지된다. 액체 상태의 암모니아는 표면 부분의 따뜻한 바닷물에 의해 데워져 *기화*하면서 급격히 팽창하게 되는데, 이때 팽창되는 기체의 압력으로 터빈을 회전시켜 전기를 생산한다. 전기를 생산한 후 암모니아 가스는 심해에서 끌어올린 차가운 물에 의해 *액화*되어 액체 암모니아가 되는데, 이 과정을 반복하면서 전기를 생산하게 된다.

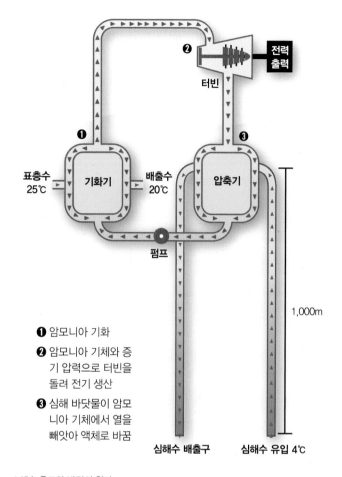

❶ 암모니아 기화
❷ 암모니아 기체와 증기 압력으로 터빈을 돌려 전기 생산
❸ 심해 바닷물이 암모니아 기체에서 열을 빼앗아 액체로 바꿈

| 해수 온도차 발전의 원리

해수 온도차 발전은 공해 물질을 유발하지 않고, 주간이나 야간 또는 계절의 구분 없이 안정적으로 에너지를 공급할 수 있는 장점이 있다. 우리나라의 경우 동해안이 해수의 온도차가 크기 때문에 최적의 입지 조건으로 판단되어 발전소 설립을 추진하고 있다.

해수 온도차를 이용한 해수 냉난방이란?

해수 냉난방은 바닷물의 온도가 겨울에는 평균 기온보다 높아 난방 자원으로, 여름에는 평균 기온보다 낮아 냉방 자원으로 활용하는 냉난방 시스템이다. 스웨덴은 스톡홀름 지역의 10% 정도에 해수 냉난방을 적용하고 있으며, 일본, 노르웨이 등도 적극적 활용 중에 있다. 우리나라도 관련 기술을 개발하는 등 다양한 연구를 진행하고 있다.

08 폐기물 에너지

우리는 일상생활을 하면서 많은 폐기물을 버리고 있다. 이렇게 버려지는 폐기물들을 필요한 에너지로 변환하여 활용하는 방법은 없을까?

| 성형 고체 연료

폐기물 에너지란 가연성 폐기물을 소각하거나 열분해하여 얻어 〔♪불에 잘 탈 수 있거나 타기 쉬운 성질〕 〔♪열을 가해 분해한 것〕 지는 고체 · 액체 · 가스 상태의 에너지로 경제성이 높으며 원료의 〔♪불에 태워 없애 버림〕 가격이 낮고, 폐기물 처리 비용 또한 줄일 수 있는 장점을 가지고 있다. 그러나 폐기물을 에너지로 바꾸기 위해서는 추가적인 시설 의 설치 비용이 들어가며, 폐기물 소각 과정에서는 또 다른 환경 오염을 유발할 수 있다.

폐기물 에너지에는 크게 네 가지가 있다. 첫째, 종이, 나무, 플라스틱 등의 가연성 폐기 물들을 골라 가공하는 성형 고체 연료(또는 폐기물 고체 연료. RDF, Refuse Derived Fuel) 방법이다. 이 방법은 처리 비용이 적게 들고, 대량 처리가 가능하여 여러 나라에서 실용화되었다. 또 한 고체 연료이기 때문에 저장이나 운반이 쉽고, 열효율이 높아 산업적으로 매우 유용하 게 활용할 수 있다.

둘째, 폐유를 정제하는 방법이다. 자동차에 쓰였던 폐윤활유 등을 열분해하거나 *감압 〔♪쓰고 난 기름〕 증류하여 재생산된 기름을 얻을 수 있다. 셋째, 플라스틱 · 고무 · 타이어 등의 고분자 폐 기물을 열분해하여 연료로 쓰일 기름을 얻는 방법이다. 넷째, 폐기물을 소각하는 과정 속 에서 나온 열을 이용하는 방법이다.

ThinkGen
오염된 폐기물을 재활용할 경우 인체에 유해할 수 있다.
오염된 폐기물을 걸러 낼 수 있는 방안을 생각해 보자.

아하 그렇구나

쓰레기 소각열이 돈이 된다?

지방자치단체에서 운영하는 생활 폐기물 소각 시설에서 쓰레기를 소각할 때 발생한 열을 판매하여 많게는 수백 억의 수익을 올리고 있다. 소각할 때 발생한 열로 증기, 온수, 전기 등의 에너지를 생산하여 이를 재판매하는 방식이다. 여기서 발생한 수익은 수영장, 체육 시 설, 공원 등 도민들의 편의 시설로 재탄생하고 있다. 사람들이 혐오 시설이라고 생각하던 쓰레기 소각장을 활용하여 환경 오염 방지에도 기여할 수 있도록 한 것이다.

*
감압 증류 끓는점이 높은 액체 혼합물을 분리할 때 사용하는 방법으로 액체에 작용하는 압력을 감소시켜 증류 속도를 빠르게 한다.

O9 연료 전지

우리는 여행을 가거나 먼 거리를 이동할 때 자동차를 편리하게 이용하고 있다. 그런데 자동차가 움직이기 위해서는 많은 에너지가 필요하다. 이는 에너지 고갈 문제뿐만 아니라 환경 오염, 지구 온난화 등과 같은 문제를 일으키고 있다. 이러한 문제를 해결할 수 있는 방법은 없을까?

연료 전지는 연료의 산화에 의해서 생기는 화학 에너지를 직접 전기 에너지로 변환시키는 장치로, 단순히 전기를 저장해 두는 장치가 아니라 전기를 생산하는 장치이다. 연료 전지는 전기를 발생시키는 과정에서 어떠한 오염 물질도 배출하지 않는 청정 에너지원이다. 그러나 수소를 저장하거나 공급하는 시설 및 안정성에 대한 연구가 추가적으로 이루어질 필요가 있다.

연료 전지의 원리

가장 많이 쓰이는 연료 전지는 수소와 산소를 이용한 것이다. 연료 극에서 수소가 수소 이온과 전자로 분해되는데, 이때 수소 이온은 전해질을 거쳐 공기 극으로 이동하면서 전자의 흐름에 의해 전기가 발생한다. 공기 극에서는 수소 이온과 전자, 산소가 결합하여 물이 된다.

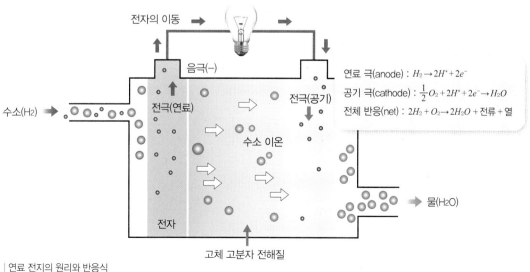

연료 극(anode) : $H_2 \rightarrow 2H^+ + 2e^-$
공기 극(cathode) : $\frac{1}{2}O_2 + 2H^+ + 2e^- \rightarrow H_2O$
전체 반응(net) : $2H_2 + O_2 \rightarrow 2H_2O + 전류 + 열$

↳ 물 등의 용매에 녹아서 이온으로 분리되어 전기가 흐르는 물질

| 연료 전지의 원리와 반응식

연료 전지의 활용

청정 에너지인 연료 전지는 자동차, 선박, 건축 등 여러 분야에서 활용하기 위해 다양한 연구가 진행되고 있다.

사례1 자동차

연료 전지에 대한 연구가 활발하게 이루어지고 있는 분야는 자동차 산업이다. 연료 전지 자동차는 수소가 연료 전지로 보내지면 대기 중의 산소와 반응을 일으키게 된다. 여기서 발생된 전기로 모터를 회전시켜서 자동차를 움직인다. 반응 과정에서 발생한 물은 물저장 탱크로 보내진다. 또한 평지나 내리막길처럼 에너지가 적게 드는 길을 주행할 때에는 남은 전기를 고압 배터리로 보내 충전이 이루어진다. 앞으로 연료 전지 자동차가 상용화되면 자동차에서 발생되는 이산화 탄소나 매연 등을 획기적으로 줄일 수 있을 것으로 기대된다.

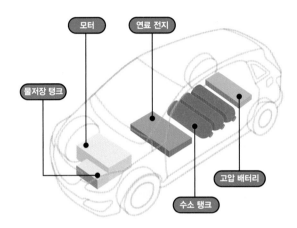

❶ 수소 탱크에서 연료 전지로 수소를 공급한다.
❷ 연료 전지에서 공급된 수소와 공기 중의 산소가 결합하여 전기를 발생시킨다.
❸ 발생된 전기는 모터를 구동시키거나 고압 배터리를 충전한다.
❹ 반응 과정에서 발생한 물은 물저장 탱크로 보내진다.

| 연료 전지 자동차의 구동 원리

사례2 선박

선박은 많은 양의 화물을 싣고 이동하기 때문에 많은 에너지가 소모된다. 따라서 국제해사기구(IMO)에서는 온실가스 감축을 위해 다양한 수단과 방법을 연구하고 있다. 그중 하나로 현재 대부분의 선박이 경유를 연료로 하는 디젤 기관을 채택하고 있는데, 이 부분을 연료 전지 기관으로 바꾸기 위한 기술을 연구하고 있다. 그러나 자동차에 비해 많은 동력이 필요하기 때문에 안정성과 연료 공급 방법 등 여러 가지 문제를 먼저 해결해야 한다.

↳ 경유를 연료로 하는 동력 기관으로 공해 물질을 많이 배출한다.

사례3 건축

건물에 설치된 연료 전지는 그 자체가 하나의 발전 시스템이 되어 건물에서 필요로 하는 전기를 공급한다. 연료 전지는 연료를 연소하거나 기계를 가동할 때 소음 발생이 없어 대도시 중심이나 건물 내에도 설치할 수 있다.

10 석탄 액화 및 석탄 가스화

석탄은 1960~1970년대에 우리나라의 산업 및 가정에 필수 에너지였다. 그러나 석탄 화력이 온실가스를 일으키는 주범으로 환경 오염 문제가 심각해지면서 석탄의 활용은 점차 줄고 있다. 그렇다면 석탄을 사용할 때 발생하는 오염 물질을 제거한 후에 사용하는 방법은 없을까?

석탄 화력의 효율을 높이고 온실가스를 줄일 수 있는 대안으로 떠오르고 있는 것이 석탄 액화와 석탄 가스화로, 이 방법은 오염 물질을 배출하지 않고 석탄을 이용할 수 있는 기술이다.

석탄 액화

ThinkGen
석탄은 탄소 함유량에 따라 여러 종류로 나눌 수 있다. 가정용 석탄과 공업용 석탄은 어떤 차이가 있는지 조사해 보자.

석탄 액화는 고체 연료인 석탄을 이용하여 액체 연료인 인조 석유를 만드는 방법이다. 석탄을 높은 온도와 높은 압력에서 가열하면 일산화 탄소와 수소가 발생하는데, 이를 정제 장치로 보내 불순물을 분리한 다음, 일산화 탄소와 수소가 화학 반응을 일으켜 탄화수소(석유)를 만든다. 석탄 액화로 만들어진 석유는 석탄에 비해 보관과 운반이 쉽고, 환경 오염 물질을 적게 배출하는 장점이 있다. 또, 석유를 활용하는 모든 시설이나 장비에 활용할 수도 있다.

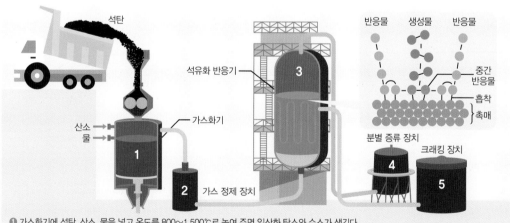

❶ 가스화기에 석탄, 산소, 물을 넣고 온도를 800~1,500℃로 높여 주면 일산화 탄소와 수소가 생긴다.
❷ 가스를 정제 장치로 보내 황화물과 분진을 제거한다.
❸ 일산화 탄소와 수소 가스는 250℃의 석유화 반응기에서 촉매(철 또는 코발트)의 도움으로 탄화수소(석유)로 바뀐다.
❹ 작은 분자는 기체 상태로 위쪽 파이프를 따라 모여 액화된 뒤 분별 증류 장치에서 LPG, 휘발유, 경유로 나뉜다.
❺ 큰 분자는 액체 상태로 아래쪽 파이프를 따라 모여 크래킹 장치에서 작은 분자로 쪼개진 뒤 분별 증류 장치로 가서 분리된다.

| **석탄 액화 과정** 분별 증류 장치에서 LPG, 휘발유, 경유 등으로 나뉜다.

석탄 가스화

석탄 가스화란 고온의 상태에서 석탄에 수소와 산소를 반응시켜 합성 가스를 얻는 기술로, 석탄에서 발생하는 먼지나 황산화물 등의 공해 물질을 제거하여 이산화 탄소와 수소를 주성분으로 하는 합성 가스를 만들어 내는 것이다.

석탄 가스화를 통해 생산된 가스는 직접 이용하기도 하지만, 다른 발전 시설과 연계한 석탄 가스화 복합 발전 시스템에 많이 사용되고 있다. 이 시스템은 깨끗해진 합성 가스를 원료로 발전하기 때문에 기존 발전 시스템에 비해 공해 물질을 적게 배출하는 장점이 있다. 그리고 석탄은 석유나 천연가스에 비해 값이 저렴하기 때문에 경제적 효과도 누릴 수 있다. 아울러 석탄 가스화 과정에서 발생하는 이산화 탄소와 수소는 다른 산업에도 활용할 수 있다. 이러한 여러 장점 때문에 석탄 가스화는 석탄 액화에 비해 기술의 안정성 및 경제성에서 높은 평가를 받고 있다.

우리나라는 충청남도 태안화력발전소 내에 석탄 가스화 복합 발전소가 건설되어 있는데, 2011년 11월에 착공하여 2016년 8월에 상업 운전을 시작하였다.

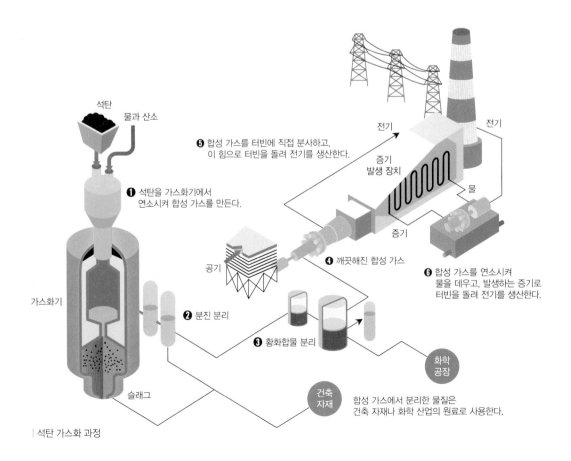

| 석탄 가스화 과정

11 수소 에너지

미래의 자동차 연료는 수소 에너지가 될 것이라는 전망이 많다. 수소는 우리 주변에 무한하게 존재하는 청정 에너지원으로 그 활용이 무궁무진하다. 수소를 어떻게 에너지로 이용할 수 있을까?

수소를 얻는 방법은 크게 두 가지로, 첫 번째는 물을 전기 분해하는 방법이다. 물을 전기 분해하면 수소와 산소로 분리되고, 여기서 발생된 수소를 직접 연소시키거나 다른 화합물로 변형시켜 활용할 수 있다. 그러나 이렇게 물을 전기 분해하여 에너지를 얻는 방법은 입력 에너지에 비해 출력 에너지의 경제성이 낮아 최근에는 많이 활용되지 않고 있다. 두 번째 방법은 천연가스나 석탄 등을 열분해하여 수소를 얻는 방법으로 기존 에너지를 재활용하기 때문에 손쉽게 얻을 수 있지만 이산화 탄소가 많이 배출된다. 세 번째는 석유 화학이나 제철 산업의 공정 중에서 발생하는 수소 혼합가스에서 수소를 분리하여 사용하는 방법이다. 다른 방식에 비해 가장 저렴하게 얻을 수 있어 현재 대부분 이 방식으로 수소를 생산한다.

수소 에너지는 수소 자동차가 본격적으로 생산됨에 따라 그 활용이 늘어나고 있다. 수소 자동차는 미국, 유럽 등에서 생산하고 있으며, 우리나라에서도 수소 자동차가 출시되어 판매 중에 있다. 수소 자동차를 운행하기 위해서는 수소 충전소가 필수적인데, 수소 충전소는 공장에서 생산된 수소를 공급받아 자동차에 주입하게 된다. 2021년 6월 현재, 우리나라의 수소 충전소는 전국에 97개소가 설치되어 있고, 수소 자동차 등록 대수는 15,225대다. 정부에서는 2040년까지 수소 자동차 620만 대 생산, 수소 충전소를 1,200개소를 설치할 예정이므로 수소 에너지의 사용은 크게 늘어날 것이다.

| 수소를 충전 중인 수소 자동차

12 핵융합 에너지

태양은 지구상의 모든 생명체에 끊임 없이 에너지를 공급하고 있다. 식물은 광합성을 통해 태양 에너지를 다른 형태의 에너지로 바꾸어 열매, 뿌리, 잎 등에 저장한다. 이 식물을 사람이나 동물이 먹으면 에너지를 얻게 된다. 즉 모든 생명체는 태양 에너지를 이용한다. 그렇다면 태양은 어떻게 이런 막대한 에너지를 만들어 낼까?

그 비밀은 바로 핵융합 에너지이다. 핵융합은 말 그대로 두 원자핵이 융합하는 반응으로, 태양은 끊임없이 핵융합 반응을 하면서 발생하는 에너지를 태양계로 방출하고 있다.

핵융합 에너지

태양에 존재하는 중수소와 삼중 수소가 *플라스마 상태에서 서로 결합하여 헬륨이 된다.

핵융합은 아인슈타인의 질량 에너지 등가법칙($E=mc^2$)을 따르는데, 중수소(질량수 2)와 삼중 수소(질량수 3)가 헬륨(질량수 4)이 되면서 중성자(질량수1)를 방출하면서 질량 결손이 발생한다. 이때 엄청난 양의 에너지가 발생하게 되는 것이다.

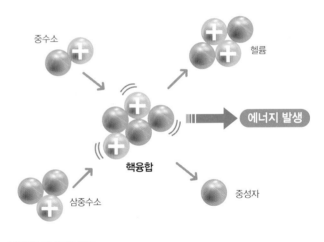

| 핵융합 에너지의 원리

아인슈타인의 질량 에너지 등가법칙을 구체적으로 살펴보면 m은 질량, c는 빛의 속도를 의미하는데, 아주 작은 질량 결손이 발생하더라도 빛의 속도가 제곱이 되기 때문에 엄청난 양의 에너지가 발생하게 된다.

---

*

플라스마 상태　고체, 액체, 기체가 아닌 제4의 물질 상태. 기체를 초고온으로 가열하면 음전하의 전자와 양전하의 이온으로 분리되는데, 이 상태를 플라스마 상태라고 한다. 📌 번개, 오로라, 형광등, 네온사인 등

핵융합에서 주로 쓰이는 중수소와 삼중 수소는 지구상에 많은 양이 존재한다. 중수소는 주로 바다에서 쉽게 구할 수 있는데, 바다에는 약 48조 톤 정도의 중수소가 있어 거의 무한하다고 할 수 있으며, 물에서 중수소를 분리하는 기술을 통해 얻어 낸다. 삼중 수소는 자연 상태에서는 거의 존재하지 않고, 대부분 리튬에 중성자를 쏘아 분리하는 방식으로 생산한다. 이렇게 핵융합의 원료가 되는 중수소와 삼중 수소는 지구상에서 쉽게 구할 수 있기 때문에, 핵융합 반응이 일어날 수 있는 플라스마 조건을 충족시키면 된다.

인공 태양

태양에서 발생하는 핵융합을 인위적으로 발생시키기 위해서는 핵융합로가 필요하다. 이 핵융합로는 흔히 인공 태양으로 불리며 미국, 일본, 독일을 중심으로 많은 연구가 이루어졌다.

우리나라에도 자체 기술로 개발한 핵융합로 KSTAR(Korea Superconducting Tokamak Advanced Research)가 대전 국가핵융합연구소에 설치되어 있는데, 지름 10m, 높이 6m에 달하며 제작 비용은 4,000억 원이 소요되었다고 한다.

| 우리나라에서 개발된 핵융합로 KSTAR

핵융합 기술의 핵심은 플라스마 상태로 만들기 위해 온도를 높이는 것이다. 인위적으로 플라스마 상태를 만들기 위해서는 약 1억℃ 이상의 온도가 필요하다.

그러나 현실적으로 1억℃ 이상을 버틸 수 있는 재료는 거의 없다. 이 문제를 해결하기 위해 토카막이 개발되었다. 토카막은 메가헤르츠(MHz) 대역의 전자기파를 발생시켜 플라스마 이온을 진동시켜 온도를 1억℃까지 올리는 기술이다.

토카막은 도넛 모양의 터널 구조인데, 이곳에 자기장을 걸어 주면 전기를 띠는 플라스마가 도넛 모양의 터널 안을 빙빙 돌게 된다. 이때 플라스마가 벽에 닿지 않기 때문에 1억℃ 이상의 온도를 견딜 수 있다. 우리나라의 인공태양(KSTAR)은 2020년 3월에 1억℃의 초고온 플라스마를 8초간 유지하는 데 성공하였다.

핵융합은 원자력 발전과 달리 수소를 에너지원으로 사용하기 때문에 청정 에너지로 인식되고 있으며, 적은 원료로 막대한 에너지를 얻을 수 있기 때문에 차세대 에너지원으로써 그 가치가 무궁무진하다.

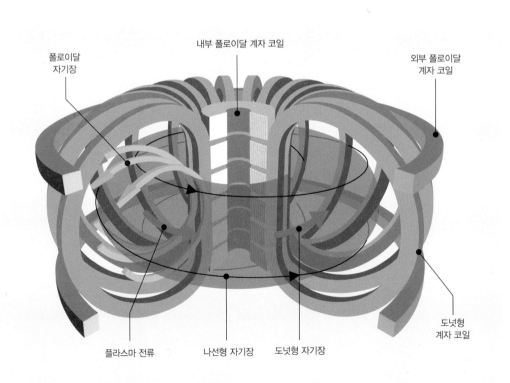

| 토카막의 구조와 원리

플라스마

흔히 물질은 고체, 액체, 기체의 3가지 상태가 있다고 한다. 플라스마는 제4의 물질 상태로 에너지가 충분히 공급되면 전자와 핵이 서로 구속받지 않고 자유롭게 돌아다니는 상태가 된다.

지구상에서는 플라스마 상태가 흔하지 않지만, 우주에서는 99.9%가 플라스마 상태로 존재하고 있다. 태양 같은 항성과 항성 사이에 존재하는 물질이 모두 플라스마 상태이다. 우리가 관측할 수 있는 대표적인 자연적인 현상으로 오로라가 있다. 오로라는 우주 공간으로부터 날아온 전기를 띤 입자가 극지방의 상공에서 대기 중 기체 분자와 충돌하여 발생하는 방전 현상이다. 주로 시베리아, 알래스카, 캐나다, 아이슬란드 등지에서 많이 관찰된다.

플라스마는 산업 분야에서도 많이 활용된다. PDP TV, 금속 가공, 태양 전지, 표면 코팅, 멸균 등 다양한 산업 분야에서 활용되고 있다. PDP TV는 기체가 방전할 때 생기는 플라스마로부터 나오는 빛을 이용하여 문자 또는 그림을 표시하는 소자이다. PDP TV는 LCD에 비해 가격이 저렴하나 플라스마를 만들어 내기 위해 강한 전압을 걸어 주어야 하므로 소비 전력이 많은 단점이 있다. 그 외 레이저, 용접, 코딩 등 다양한 분야에 활용되고 있으며, 첨단 기술의 하나로 많은 연구와 개발이 이루어지고 있다.

| 오로라 현상

댐 건설은 지속되어야 할까?

어느 지역에 댐을 건설한다는 계획이 발표되면 예외 없이 댐 건설에 대한 찬성과 반대 입장에서 격렬한 논쟁이 일어난다. 우리나라는 해마다 폭우로 인한 인명과 재산 피해가 발생하고, 계절에 따라 강우량이 불규칙한 탓에 수자원을 효과적으로 이용할 수 있는 방안을 고민해야 한다. 여러 방안 중 하나가 댐 건설인데, 거대한 토목 구조물인 댐은 여러 가지 장점과 단점을 함께 가지고 있다.

우리나라에서 높이가 15m 이상인 댐은 약 1,200여 개로, 이 중 15개는 다목적 댐이다. 이 다목적 댐은 전체 저수량의 60%를 차지할 정도로 많은 비중을 차지한다. 이 댐을 건설하게 되면 홍수 조절, 용수 공급, 발전을 동시에 할 수 있다. 뿐만 아니라, 댐 주변을 관광지나 휴양지로 조성하여 시민들을 위한 휴식처를 제공할 수도 있다. 특히 댐의 수위 조절 기능을 통해 강물의 흐름을 조절함으로써, 물에 의한 재난을 사전에 예방할 수 있으므로 지역 주민들이 안심하고 생업에 종사할 수 있다.

그러나 댐을 건설하게 되면 많은 문제점이 발생하는데, 그중 하나가 환경 파괴이다. 댐을 건설하기 위해서는 자연환경을 크게 변형시켜야 한다. 이를테면 주변의 산이나 땅을 파야 하며, 원래의 물길을 다른 곳으로 돌려야 하는 경우도 발생한다. 즉 대규모 토목 공사 탓에 환경이 파괴되고, 그 피해는 고스란히 인간에게 돌아온다는 것이다. 또한 수몰 지역 주민들의 재산권 침해에 따른 반발 등도 갈등 요소이다.

댐 건설은 이렇듯 양면성을 가지고 있다. 댐 건설로 인해 홍수 피해 방지, 전기 생산 등의 많은 장점을 얻을수 있지만, 환경 파괴라는 큰 대가를 치러야 한다.

1 단계 댐 건설을 하면 얻을 수 있는 장점과 단점을 마인드맵으로 그려 보자.

 2 단계 댐 건설에 대한 자신의 입장을 글로 정리해 보자.

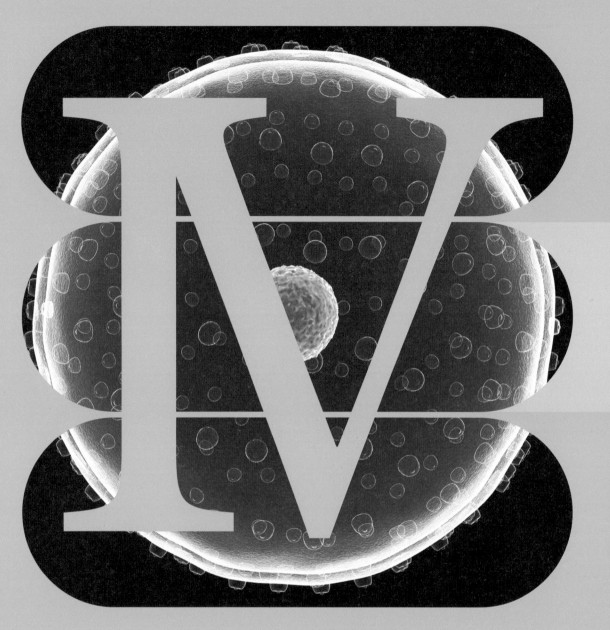

IV

인간은 오래전부터 다양한 생명 기술을 이용해 왔습니다. 와인 · 치즈 · 된장 · 간장 등의 발효 식품을 만들어 먹었고, 백신을 개발하여 질병과 싸우고 있습니다. 또, 각종 생명체를 연구하여 인간에게 유용한 자원을 얻고 있습니다.

이 단원에서는 과거와 현재의 생명 기술이 인간에게 어떤 유용한 점을 제공하는지, 어떤 부작용을 가져올 수 있는지 살펴보겠습니다.

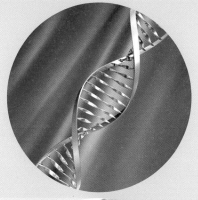

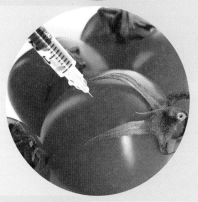

생명 기술의
과거와 현재

01 생명 기술의 발달

인간의 가장 기본적인 욕구는 아마도 생존일 것이다. 이를 위해 인간은 더 많은 식량을 얻고, 새로운 질병을 극복하고, 더 오래 살기 위해서 생명 기술을 발달시켜 왔다. 생명 기술은 어떻게 발달해 왔을까?

생명 기술이란 생명체를 직접 이용하거나, 생명체가 가지고 있는 다양한 특성이나 기능을 활용하여 인간에게 유용한 물질을 만들어 내는 것을 의미한다. 생명 기술은 일상생활에서 우리가 먹는 음식, 의약품, 환경, 에너지, 건강 등 다양한 분야에서 활용되고 있으며, 인간의 삶에 직접적인 영향을 주는 기술로서 인류의 발달과 함께 계속해서 진화하고 있다.

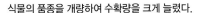

식물의 품종을 개량하여 수확량을 크게 늘렸다.

우수한 혈통을 가진 동물을 대량으로 번식시킬 수 있다.

의약품을 만드는 데 활용되어 인간의 생명을 연장한다.

공기 정화 식물을 활용하여 건물 안의 공기를 정화한다.

전통 생명 기술

　인간은 오랜 경험을 통해 생명 체의 특성을 파악하게 되었고, 이를 작물과 가축에 적용하여 발전시켰다. 또한 *발효 기술을 개발하여 빵, 와인, 치즈 등을 만들었다.

　초기의 빵은 밀을 갈아서 물에 섞은 다음 돌판 위에 구워 먹는 형태로 지금의 전병과 비슷한 모양이었다. 그러다가 우연히 밀가루 반죽을 공기 중에 그대로 두었는데, 공

| **여러 가지 종류의 빵** 이집트인들은 기원전 4000년경부터 발효 빵을 만들어 먹기 시작하였다.

ThinkGen
된장, 간장, 치즈는 대표적인 발효 식품이다. 인간이 발효 식품을 만들어 먹으면 어떤 장점이 있을까?

기 속의 이스트균에 의하여 발효가 일어나 밀가루 반죽이 부풀어 오른다는 것을 알게 되었다. 그 후 사람들은 밀가루 반죽에 누룩을 첨가하여 발효 빵을 만들어 먹기 시작하였다.
　　　　　　　　　　　　　↳ 술을 빚는 데 쓰는 발효제

현미경의 발명

　1665년, 영국의 로버트 훅은 자신이 만든 현미경으로 코르크 조각을 관찰하다가 코르크의 조직이 작은 방처럼 구성되어 있음을 발견하였으며, 다른 식물들도 같은 형태로 구성되어 있음을 발견하였다. 로버트 훅은 생물학을 전문적으로 연구한 사람이 아니었기 때문에 세포의 의미를 정확하게 이해할 수는 없었지만, 이후 여러 학자에 의해 동물과 식물의 복잡한 세포 구조가 알려졌다.

　또한 현미경을 통해 각종 미생물을 관찰할 수 있게 되면서 인간에게 유용한 미생물과 해를 끼치는 미생물이 있음을 알게 되었다. 이러한 연구를 통해 각종 세균의 존재를 알게 되었고, 질병 퇴치에 큰 기여를 하게 되었다.

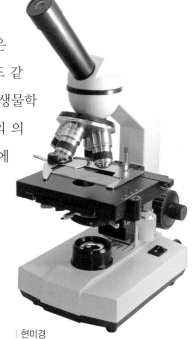

| 현미경

---

*
　발효 미생물이 가지고 있는 효소를 이용하여 유기물을 분해시키는 과정이다.

천연두 백신의 개발

1796년, 영국의 외과 의사 에드워드 제너에 의해 급성 전염병인 천연두를 치료할 수 있는 백신이 개발되었다. 그 당시 천연두는 치사율이 약 40%에 달하는 전염병으로, 회복되더라도 많은 흉터가 남는 무서운 질병 중 하나였다.

제너는 평생을 천연두 연구에 전념한 의사였다. 그는 환자를 진료하는 과정에서 우두에 감염된 사람들은 천연두에 걸리지 않는다는 속설을 귀담아 듣고, 우두에 걸린 소의 고름(농)을 한 소년에게 접종하였다. 그리고 6주 후 천연두 농을 그 소년에게 접종하였더니 병에 걸리지 않고 면역력이 생겼다. 제너는 이를 바탕으로 천연두 백신을 개발하였고, 많은 사람이 천연두의 공포로부터 벗어날 수 있게 되었다. 그 업적은 백신 개발의 신호탄이 되어 인류의 수명을 연장시키고 질병을 고치는 토대가 되었고, 이후에는 장티푸스와 소아마비 등 다양한 질병 예방을 위한 백신들이 개발되었다.

| 사람들이 소가 될까 봐 겁먹은 모습을 풍자한 그림으로 그 당시에는 사람이 우두에 걸린 소의 고름을 맞으면 소가 된다는 헛소문이 돌던 때이다.

우리나라의 천연두 백신은 언제?

우리나라에서 천연두 백신을 처음 개발한 사람은 지석영(1855~1935)이다. 그는 일본에서 천연두 예방법을 배워 와 1879년 12월, 충청도 충주군 덕산면에서 친척 아이를 포함하여 40여 명의 어린이들에게 우두를 놓아 얻은 성과에 기초하여 우두법을 널리 보급하였다.

항생제의 개발

1928년에는 미생물학자 알렉산더 플레밍이 '페니실린(penicillin)'이라는 물질로 항생제를 만들어 인간의 생명을 획기적으로 연장시키는 계기를 마련하였다.

플레밍은 포도상구균을 기르고 있었는데, 접시에 기르던 균을 밖에 두고 휴가를 떠났다. 플레밍이 휴가를 다녀온 후 접시를 살펴보니, 균을 배양하던 접시에 자란 푸른색 곰팡이 주

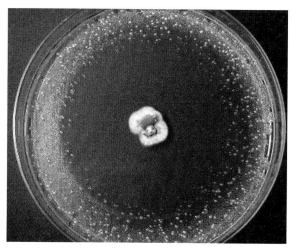

| 박테리아의 생장을 억제하는 페니실린

변으로 포도상구균이 녹아 있는 현상을 관찰하게 되었다. 그는 곰팡이가 만들어 내는 특정 물질이 항균 작용을 한다는 사실을 발견하게 되었으며, 이를 페니실린이라고 명명하였다. 이 페니실린은 인간의 백혈구에는 전혀 해를 끼치지 않으면서 세균에 의해 발생되는 많은 질병을 획기적으로 치료할 수 있었다.

페니실린은 제2차 세계 대전 중에 상용화되었고, 1944년 이후에는 민간에서도 상용화되어 현재까지도 많은 사람의 생명을 구하고 있다.

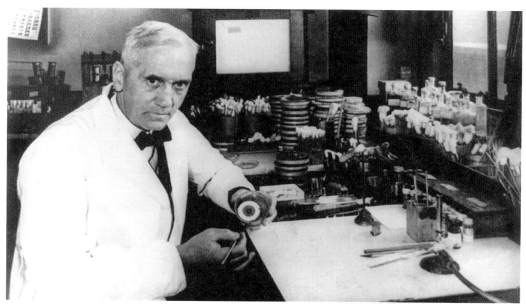

| 페니실린을 발견한 알렉산더 플레밍

DNA의 연구와 활용

1953년, 제임스 왓슨과 프랜시스 크릭은 이중 나선 모양의 DNA 구조를 발견하였다. 왓슨과 크릭은 처음에는 DNA가 삼중 나선이라고 생각했지만, 많은 가설이 증명되지 않아 이에 대한 의구심을 가지게 되었다. 어느 날 우연히 DNA의 X선 회절 사진을 보던 왓슨은 DNA가 이중 나선 구조라는 생각을 가지게 되었다. 곧바로 크릭과 함께 DNA 모형을 제작하였는데, 이것이 바로 유명한 DNA 이중 나선 구조 모형이다.

왓슨과 크릭은 관련 내용을 과학저널 '네이처'에 게재하였고, 이 논문은 20세기 최대의 사건으로 남게 되었다. DNA의 이중 나선 구조의 발견은 생명 기술 발달의 획기적인 전기를 마련하는 계기가 되었다.

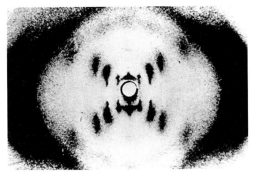

| DNA의 X선 회절 사진

| DNA 이중 나선 구조

1990년대부터는 DNA를 활용하는 시대가 열렸다. 1990년 '인간 *게놈 프로젝트'가 시작되었는데, 이것은 인간의 DNA에 있는 30억 개의 *유전자 지도(염기쌍의 서열)를 만드는 것이다. 이 프로젝트는 미국, 영국, 일본, 독일, 프랑스와 셀레라 게노믹스라는 민간 법인의 후원을 받아 이루어졌다. 초기의 유전자 지도는 2000년 6월에 발표되었고, 2003년 4월 15일 인간 게놈 프로젝트가 완료되었다. 이 결과 많은 질병의 원인이 되는 유전자의 염색체 상에서의 위치를 알 수 있게 되었으며, 이를 기반으로 암과 같은 난치병을 치료하는 데 큰 도움이 되고 있다.

핵산을 구성하는 염기 가운데 두 개가 수소 결합으로 이루어진 것

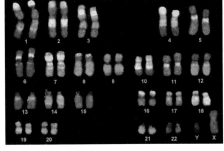

| 인간의 유전 정보

---

*

게놈(genome) 유전자(gene)와 염색체(chromosome)의 두 단어가 합쳐진 말로, 생물의 유전 형질을 나타내는 모든 유전 정보가 들어 있는 것을 의미하며 유전체라고도 한다.

유전자 생물체 개개의 유전 형질(모양, 크기, 성질 등과 같은 고유한 특징)의 원인이 되는 인자로, 생식 세포를 통해 부모로부터 자손에게로 전해지는 여러 가지 특징을 의미한다.

잭 안드라카

1997년생인 잭 안드라카는 13살 때인 2009년, 그에게는 삼촌과도 같았던 아버지의 친구가 췌장암으로 사망하는 일을 겪었다. 큰 충격을 받은 잭 안드라카는 인터넷 검색을 통해 췌장암과 관련된 다양한 정보와 통계를 접하게 된다. 그런데 췌장암 환자의 85%가 대부분 증세를 모르다가 암 진행이 말기에 가까울 때가 되어서야 암 판정을 받았으며, 생존 확률 또한 2%가 안 된다는 사실을 알게 되었다. 더불어 췌장암을 진단하기 위한 기술은 60년 전에 개발된 것을 활용하고 있었으며, 비용도 800달러 정도로 비쌌다. 하지만 그나마 정확성도 30%에 불과하다는 사실 등을 알게 되었다.

잭 안드라카는 이 문제를 스스로 해결해 보고자 연구에 몰두하였다. 그 결과 8,000개가 넘는 단백질 정보 데이터베이스에서 '메소틸린'이라는 단백질을 발견하게 되었고, 이 단백질은 췌장암에 걸릴 경우 아주 높은 농도로 나타난다는 사실을 알게 되었다. 그리고 생물 시간에 배운 항체의 원리를 적용하여 항체와 탄소 나노 튜브를 결합한 췌장암 조기 진단 키트를 발명하였다. 대부분의 대학 연구소에서 그의

| 연구 결과를 설명하는 잭 안드라카

진단 키트에 관심을 보이지 않았지만, 존스 홉킨스 대학에서 진단 키트 개발을 완료할 수 있게 도와주어 췌장암을 조기에 발견할 수 있는 획기적인 전기를 마련하게 되었다. 2011년, 잭 안드라카가 개발한 진단 키트의 검사 비용은 3센트, 검사 시간은 5분, 정확도는 90% 이상이라고 한다.

02 발효 식품과 옹기

김치, 젓갈, 치즈의 공통점은 바로 '발효'라는 생명 기술을 이용하여 만들어진 먹거리라는 점이다. 그렇다면 수천 년 전부터 인간이 섭취한 발효 식품은 어떻게 만들어졌을까?

발효란 미생물이 자신이 가지고 있는 효소를 이용하여 유기물을 분해시키는 과정으로 인간에게 이로운 물질이 만들어지면 발효라고 하고, 악취가 나거나 유해한 물질이 만들어지면 부패라고 한다. 발효는 미생물의 무산소 호흡을 이용하는데, 효모와 같은 미생물이 산소가 없는 상태에서 유기물을

| **치즈** 젖산 발효를 이용하여 만든다.

완전히 분해하지 못해 또 다른 유기물을 만들어 내고 소량의 에너지를 얻는다.

발효의 원리에는 알코올 발효, *젖산 발효, *아세트산 발효 등이 있다. 맥주 · 와인 등을 만드는 데 쓰이는 알코올 발효는 효모가 포도당을 분해하여 에탄올과 이산화 탄소를 생성하는 현상이다.

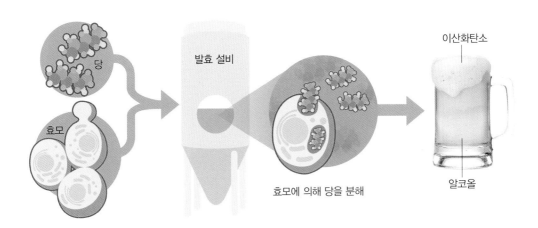

| 맥주의 제조 과정

---

* 젖산 발효 포도당을 산소가 없는 상태에서 분해하여 젖산을 만드는 방법으로 김치, 젓갈, 치즈, 요구르트를 만들 때 사용한다.
  아세트산 발효 미생물이 에탄올을 아세트산으로 변화시키는 발효 방법으로 감이나 포도 등을 식초로 만들 때 사용한다.

발효 식품

우리나라에서는 발효 기술을 이용하여 김치, 젓갈, 된장, 간장, 고추장, 청국장 등을 만들어 먹었다. 근래에 들어서는 발효 식품 속의 유용한 균이 인체 건강에 많은 도움을 준다는 사실이 알려지면서 전 세계인들의 관심을 받고 있다. 서양에서는 오래 전부터 와인, 치즈, 요구르트 등의 발효 식품을 만들어 먹어 왔다. 특히 와인은 고대 이집트 벽화에서도 포도를 재배하는 모습이 남아 있을 정도로 오래되었다.

| 고대 이집트의 벽화에 남아 있는 포도 재배 모습

옹기

우리 조상들은 고추장, 된장 등의 발효 식품을 보관하기 위해 옹기를 사용하였다. 옹기는 주로 흙으로 만드는데, 만드는 과정에서 흙의 특성상 작은 구멍들이 생기게 된다. 이 작은 구멍들은 공기가 통하는 통로(기공)가 되어 발효에 영향을 미치는 미생물이 생육할 수 있는 환경을 조성해 주고, 산소와 수분을 조절하는 역할을 한다.

기공은 보온 효과도 가지고 있는데 중간에 공기층이 생김으로 인해 외부의 찬 공기를 차단하고 옹기 내부의 따뜻한 공기가 외부로 빠져나가지 못하게 하는 역할을 한다. 아울러 옹기는 원적외선도 방출한다. 이 원적외선은 옹기 중심부의 온도를 상승시켜서 미생물의 활동이 더 잘 진행되도록 한다. 이러한 통기성·보온성·원적외선 방출 등과 같은 옹기의 특성이 장맛을 더 좋게 하고 오랫동안 보관할 수 있는 역할을 한다.

| 고추장, 된장, 간장 등의 발표 식품을 옹기에 보관하면 오랫동안 먹을 수 있다.

| **인도의 라씨** 요구르트를 기본으로 하여 물·소금·향신료 등을 섞고, 때때로 과일도 첨가하여 만든 것으로 인도 사람들이 즐겨 마시는 인도의 전통 음료이다.

| **일본의 츠케모노** 채소를 소금, 간장, 식초 등에 절인 것으로 일본 사람들이 즐겨 먹는 반찬이다.

| **일본의 낫또** 콩으로 만든 일본의 대표적인 발효 식품이다.

| **스웨덴의 스루스트뢰밍** 청어를 발효시킨 음식으로 냄새가 고약하여 전 세계에서 가장 먹기 힘든 음식 중 하나로 손꼽힌다.

여러 나라의
발효 식품

| 우리나라의 메주 콩을 삶아서 찧은 후에 덩이를 지어서 띄우고 말려서 만든다. 메주 자체만으로는 음식을 만들어 먹지 않고 된장, 간장, 고추장과 같은 장을 담그는 기본적인 재료로 이용된다.

| 메주를 기본으로 고추장, 된장, 간장을 만든다.

| 우리나라의 김치 우리나라의 가장 대표적인 발효 식품이다. 배추와 함께 여러 종류의 식재료를 혼합하여 만들어서 각종 무기질과 비타민이 풍부하다. 특히 겨울철을 대비해 담그는 김장 김치는 채소가 부족한 겨울철에 비타민의 공급원이 되기도 한다. 지역과 계절 그리고 들어가는 재료에 따라 김치를 담그는 방법이 매우 다양하다.

03 조직 배양

우리 주변에서 쉽게 볼 수 있던 식물이 이상 기온 현상과 환경 오염 등으로 인해 멸종 위기에 처해진다면 어떻게 해야 할까?

현대 사회는 정보 과학 기술의 발달로 하루가 다르게 변화하고 있으며, 첨단 기술은 우리가 사는 사회의 모든 영역에 영향을 주고 있다. 더 나아가 생명 기술의 발달로 어떤 식물이 멸종 위기에 처한다면 조직 배양을 통해 대량으로 번식시킬 수도 있게 되었다. 조직 배양이란 생물체의 세포나 조직의 일부를 이용하여 특정 환경에서 우수한 형질을 가진 동식물을 대량으로 증식시키는 기술이다. 이 기술은 동식물 모두에 활용할 수 있지만, 주로 식물을 대량으로 증식시키는 데 많이 활용되고 있다.

특히 난이나 선인장과 같이 멸종 위기에 처하거나 번식 능력이 약한 식물을 대량 생산하는 데 많이 활용하고 있다.

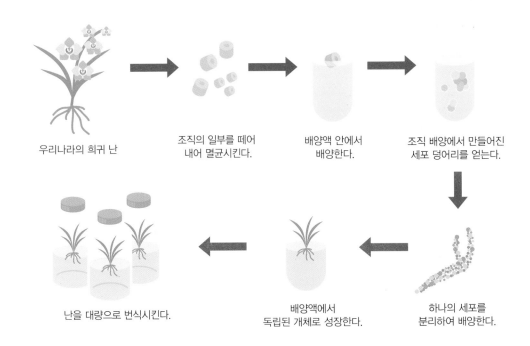

우리나라의 희귀 난 → 조직의 일부를 떼어 내어 멸균시킨다. → 배양액 안에서 배양한다. → 조직 배양에서 만들어진 세포 덩어리를 얻는다.

난을 대량으로 번식시킨다. ← 배양액에서 독립된 개체로 성장한다. ← 하나의 세포를 분리하여 배양한다.

| 희귀 난의 조직 배양 과정

그리고 조직 배양을 통해 바이러스에 감염되지 않는 무병주를 생산할 수 있는데, 특히 난, 딸기, 카네이션, 감자 등의 모종을 대량 생산하는 데 많이 쓰이고 있다.

*바이러스병이 없는 그루(묘목)

또한 조직 배양은 의약품과 백신을 개발하는 데 뿐만 아니라 시험관 아기를 시술하는 데도 활용하고 있다.

| 조직 배양을 통해 우수한 성질을 가진 모종을 대량 생산할 수 있다.

시험관 아기 시술은 어떻게 이루어질까?

시험관 아기 시술은 체외 수정 방법으로 인공 수정이 안 되거나 불임 기간이 긴 경우 많이 시도하는 시술이다. 이 시술은 먼저 여성의 몸에서 난자를 채취한 후, 난자를 배양액 속에서 배양한다. 그런 다음 난자에 정자를 삽입하여 수정시킨 후, 2~5일 정도 더 배양한다. 이후 수정된 배아를 가느다란 관을 통해 자궁 내로 삽입하여 배아를 이식하고, 일정 기간이 지난 후 임신 여부를 검사한다. 시험관 아기 시술은 해마다 1만 건 이상의 시술이 시행되고 있으며 불임 부부에게는 큰 희망을 주고 있다.

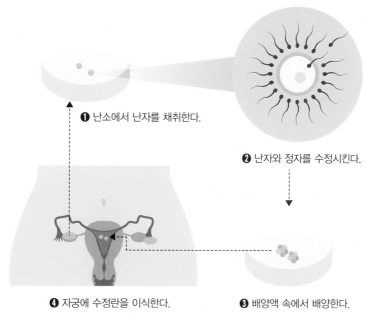

❶ 난소에서 난자를 채취한다.

❷ 난자와 정자를 수정시킨다.

❹ 자궁에 수정란을 이식한다.

❸ 배양액 속에서 배양한다.

| 시험관 아기 시술 과정

04 세포 융합

포마토는 뿌리에는 감자, 가지에는 토마토가 열리는 식물이다. 이 포마토는 어떻게 만들어질까?

세포 융합은 서로 다른 형질을 가진 두 개 이상의 세포를 결합하여 하나의 융합 세포를 만들어 내는 방법이다. 세포 융합은 두 종류의 생명체가 가진 우수한 특성을 한데 갖춘 새로운 생명체를 만드는 데 사용하며, 이 기술을 사용한 대표적인 예로 무추(무+배추), 가자(가지+감자), 포마토(감자+토마토) 등이 있다.

세포 융합은 유전자를 조작하지 않고 단순히 세포를 융합시키기 때문에 인체에 유해하지 않으며, 우수한 품종을 개발하는 데 걸리는 시간도 짧다. 따라서 이 기술은 농가에서 필요한 새롭고 다양한 잡종 식물을 얻고자 할 때 유용하게 활용할 수 있다. 하지만 두 생물의 단점이 모두 나타날 가능성도 염두에 두어야 한다.

ThinkGen
세포 융합은 두 종류의 생명체가 가진 우수한 특성을 갖춘 식물을 만들 수 있다. 세포 융합을 통해 만들 수 있는 식물을 조사해 보자.

| 무추(무+배추)

| 포마토(감자+토마토)

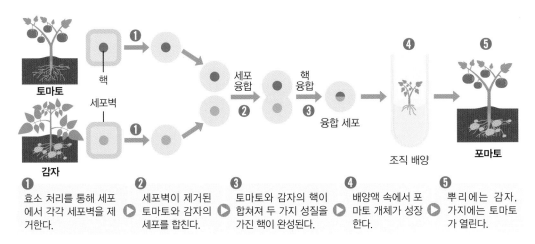

토마토 — 핵 — 세포벽 — 감자

세포 융합 ② — 핵 융합 ③ — 융합 세포 — 조직 배양 ④ — 포마토 ⑤

❶ 효소 처리를 통해 세포에서 각각 세포벽을 제거한다.

❷ 세포벽이 제거된 토마토와 감자의 세포를 합친다.

❸ 토마토와 감자의 핵이 합쳐져 두 가지 성질을 가진 핵이 완성된다.

❹ 배양액 속에서 포마토 개체가 성장한다.

❺ 뿌리에는 감자, 가지에는 토마토가 열린다.

| 포마토의 세포 융합 과정

아하
그렇구나

단일 클론 항체란?

세포 융합은 단일 클론 항체를 만드는 데 활용되기도 한다. 단일 클론 항체란 한 가지 항원에만 반응하는 항체로 특정 물질을 추적하거나 분리하는 데 쓰이며, 의학 분야의 연구에 매우 중요하게 활용되고 있다.

이 항체는 보통 자연적으로 만들어지지만, 세포 융합을 통해 대량 생산할 수 있으며, 특정 조직이나 세포에 존재하는 특정 물질을 진단하는 데 활용한다. 또한 암세포를 치료하거나 류마티스 관절염, 궤양성 대장염 등 자신의 세포를 공격하는 자가면역 질환을 치료하는 데에도 활용할 수 있다.

↳ 바이러스, 세균, 이물질 등 외부 침입
자로부터 자신의 몸을 지켜 주어야 할
면역 세포가 자신의 몸을 공격하는 병

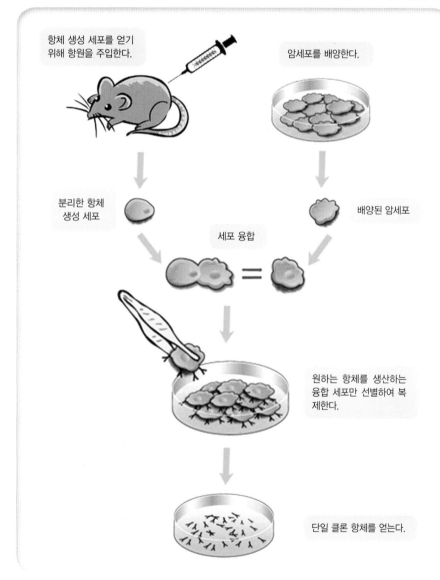

항체 생성 세포를 얻기 위해 항원을 주입한다.

암세포를 배양한다.

분리한 항체 생성 세포

배양된 암세포

세포 융합

원하는 항체를 생산하는 융합 세포만 선별하여 복제한다.

단일 클론 항체를 얻는다.

| 단일 클론 항체의 생산 과정

05 핵 이식

영화 '아일랜드', '코드 46', '더 문', '네버 렛미고'의 공통점은 바로 인간 복제를 소재로 하고 있다는 점이다. 이러한 영화에 등장했던 인간은 우리와 같은 인간일까? 아니면 복제품에 불과할까?

인간 복제는 윤리적 및 사회적 문제 때문에 현실에서는 실행되기 어렵지만 동물 복제는 현재 쉽게 이루어지고 있다. 이 복제에 필요한 기술은 바로 '핵 이식'이다. 핵 이식은 동물의 세포에서 핵을 분리하여 다른 동물의 세포에 이식하는 기술로 '핵 치환'이라고 한다.

핵 이식을 이용한 세계 최초의 복제 포유동물은 1997년, 스코틀랜드 로슬린 연구소의 윌머트와 키스 캠벨에 의해 이루어진 복제 양 '돌리'이다. 복제 양 돌리는 난자에서 핵을 제거하고 다른 양의 핵을 이식한 후, 대리모에 착상하여 출산하는 방식을 사용했다.
ℰ 원래 어미를 대신하여 임신 및 출산하는 동물 또는 사람

수정란을 나누어 복제하는 방법은 쥐를 시작으로 양, 토끼 등을 대상으로 이미 복제에 성공했지만, 완전히 자란 다른 포유동물의 세포로부터 복제된 포유동물은 돌리가 최초였다. 이는 포유동물의 체세포 복제가 가능하다는 것으로, 사람의 세포를 추출하여 복제 인간을 만들 수도 있음을 뜻한다.

ThinkGen
만일 인간 복제가 가능하다면 복제된 인간도 똑같은 인격을 가지고 있다고 생각하는가?

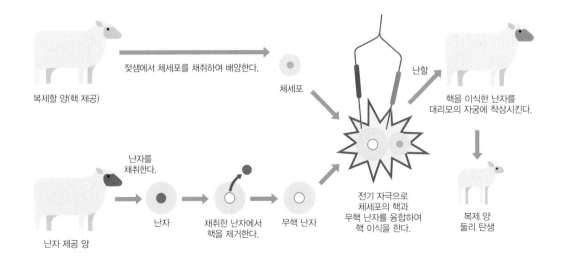

젖샘에서 체세포를 채취하여 배양한다.

복제할 양(핵 제공)

체세포

난할

핵을 이식한 난자를 대리모의 자궁에 착상시킨다.

난자를 채취한다.

난자 제공 양

난자

채취한 난자에서 핵을 제거한다.

무핵 난자

전기 자극으로 체세포의 핵과 무핵 난자를 융합하여 핵 이식을 한다.

복제 양 돌리 탄생

| 복제 양 돌리의 탄생 과정

복제 양 돌리를 시발점으로 소·개·늑대 등에 대한 복제도 이루어지고 있다. 우리나라에서는 1999년 세계 최초로 젖소 '영롱이'를 복제하는 데 성공하였으며, 2006년에는 복제 개 '스너피', 2007년에는 복제 늑대 '스눌프'와 '스눌피'가 탄생하였다.

핵 이식 기술을 이용하면 생식 세포 없이 동물을 복제할 수 있으며, 우수한 형질을 갖춘 새로운 생명의 개발이 가능하다. 그리고 인간이 원하는 동물을 만들어 낼 수 있다는 점에서 세계 각국이 기술 개발에 노력하고 있다. 하지만 동물 복제 기술이 인간의 복제로 이어질 수 있다는 점에서는 많은 윤리적 문제를 가지고 있다.

이를테면 복제된 인간을 같은 인간으로 볼 수 있을 것인지, 복제된 인간에서 장기를 얻는 것은 윤리적인 것인지, 인간의 존엄성을 어떻게 보장할 것인지 등 사회적·윤리적으로 많은 문제를 가지고 있다. 따라서 각국에서는 원칙적으로 인간 복제에 대한 연구를 금지하고 있다.

| 복제 양 돌리 다른 양의 핵만 추출해서 핵을 제거한 난자에 주입하여 복제하였다.

| 복제 개 스너피 수컷 개의 피부에서 체세포를 체취하여 난자에서 핵을 제거하고 그 자리에 체세포를 이식하여 복제하였다.

질문이요 복제 기술을 우리 생활에 적용하여 활용한 사례가 있었을까?

2007년, 우리나라에서는 최고의 마약 탐지견이었던 암컷 '체이스'를 복제한 6마리의 강아지가 태어났다. 이 강아지들은 어미가 가지고 있는 집중력, 활동성, 후각, 호기심 등을 모두 물려받아 다른 탐지견에 비해 빨리 훈련을 수료하여 현장에 투입할 수 있었다. 그리고 2005년, 미국에서는 애완동물을 복제해 주는 회사가 등장했었다. 이곳은 키우던 애완동물이 병들거나 늙어서 죽게 되면, 핵 이식을 통해 기존의 애완동물과 동일한 모습을 지닌 애완동물을 주인에게 복제해 주었다고 한다.

06 유전자 재조합

당뇨병은 유전이나 생활 습관, 환경 등 여러 요인에 의해 발생하는데, 최근에는 과도한 영양 섭취, 운동 부족, 스트레스 등으로 당뇨병 인구가 늘어나는 추세라고 한다. 당뇨병 환자들에게 꼭 필요한 인슐린을 대량으로 만들어서 공급할 수 있는 방법은 없을까?

이러한 문제를 해결해 줄 수 있는 생명 기술로 유전자 재조합이 있다. 유전자 재조합은 한 생명체가 가진 특정 유전자를 잘라 내고, 그 자리에 원하는 기능을 가진 유전자를 결합하여 새로운 유전자를 만들어 내는 기술이다. 한 예로 대장균의 플라스미드 DNA를 이용한 유전자 재조합으로 인슐린을 대량 생산해 내기도 한다. 또, 유전자를 재조합한 식품도 개발되고 있다.

인슐린 생산

당뇨병에 걸린 사람은 혈액 속의 포도당(혈당) 수치가 정상인 보다 훨씬 높고, 소변을 통해 포도당이 쉽게 빠져나간다. 이 때문에 혈액 속의 포도당 수치를 일정하게 유지시켜 주는 호르몬인 인슐린이 필요하다. 하지만 인슐린은 자연 상태에서 얻기는 쉽지 않기 때문에 유전자 재조합을 통해 인슐린을 대량 생산할 수 있다. 방법은 사람의 DNA에서 인슐린 유전자를 잘라 낸 다음, 대장균의 플라스미드에 결합한다. 대장균으로 이를 대량 증식시
↳ 세포 내에서 염색체와 독립적으로 존재하면서 독자적으로 증식할 수 있는 유전자
키면 인슐린 유전자도 함께 복제되기 때문에 대량의 인슐린을 얻을 수 있다.

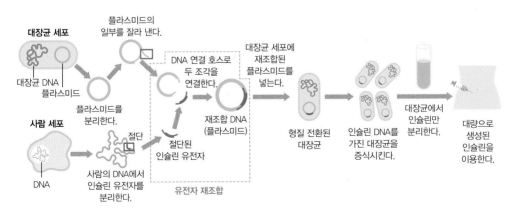

| **인슐린의 대량 생산 과정** 대장균의 플라스미드 DNA를 이용한 유전자 조작으로 대량의 인슐린을 생산한다.

유전자 재조합 식품

유전자 재조합 식품(GMO: Genetically Modified Organism)이란 유전자를 인위적으로 조작하여 병충해에 강하고 생산량을 크게 늘릴 수 있는 유전적 특성을 갖춘 농작물에서 얻은 식품을 의미하며, 유전자 변형 식품 또는 유전자 조작 식품이라고도 한다.

최초의 유전자 재조합 식품(GMO)은 1994년 미국에서 개발한 무르지 않는 토마토이다. 이 토마토는 출하한 후에도 오랫동안 단단함을 유지할 수 있어서 먼 곳으로도 수출할 수 있었다. 하지만 무르지 않는 토마토는 상품성이 없어 실패하였다. 그 이유는 토마토를 가장 많이 소비하는 곳은 토마토 소스 공장인데, 단단한 토마토는 가공하기가 어려웠기 때문이다. 농부들의 입장에서도 무르지 않는 토마토는 재배 기간도 길기 때문에 경제성이 떨어졌다.

아울러 GMO로 생산되는 대표적인 작물에는 콩, 옥수수, 사탕무, 카놀라 등이 있다. 이 작물들은 생산량이 크게 늘어났을 뿐만 아니라, 제초제와 같은 농약에도 강한 특성을 가지고 있어 비교적 재배가 쉬운 편이다. 특히 최근 미국, 브라질 등에서는 바이오 연료가 활성화됨에 따라 GMO의 생산량이 크게 늘어나고 있다.

| 일반 사과와 GMO 사과의 크기

Think Gen
우리 생활 주변에 GMO로 만들어진 식품에는 어떤 것이 있는지 조사해 보자.

| 1994년에 미국 식품의약국(FDA)이 승인한 무르지 않는 토마토

그러나 유전자를 인위적으로 조작한 GMO 식품을 인간이 섭취했을 때, 어떤 부작용이 일어날지에 대해서는 아직 충분한 연구가 이루어지지 않은 상태이다.

우리나라에서도 GMO의 안정성에 대한 논란이 많기 때문에 철저한 관리를 하고 있다. 유전자 재조합으로 생산된 농수산물과 이를 주요 원재료로 제조·가공하는 식품에 대해서는 다음과 같이 유전자 재조합 식품임을 의무적으로 표시해야 한다.

 제품의 용기나 포장에 바탕색과 구별되는 색깔과 글자(글자 크기는 10포인트 이상)를 주 표시면과 원재료명 옆에 표시한다.

• 제품의 주 표시면에 표시할 경우
예 [유전자 재조합 식품] 또는 [유전자 재조합 ○○ 포함 식품]으로 표시

• 원재료명 옆에 표시할 경우
예 **콩**[유전자 재조합] 또는 **콩**[유전자 재조합된 콩]으로 표시
예 **옥수수**[유전자 재조합] 또는 **옥수수**[유전자 재조합된 옥수수]로 표시

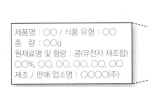

제품명 : ○○ / 식품 유형 : ○○
중　량 : ○○g
원재료명 및 함량 : 콩(유전자 재조합)
○○%, ○○. ○○. ○○. ○○. ○○
제조 / 판매 업소명 : ○○○○(주)

 유전자 재조합 여부를 알 수 없는 경우에는
[유전자 재조합 ○○ 포함 가능성 있음]으로 표시한다.

즉석에서 만들어 판매하거나 두부류 등을 위생 상자를 사용하여 판매하는 경우에는 진열 상자나 별도 게시판에 표시한다.

| 유전자 재조합 식품 표시법

07 품종 개량

우리 조상들은 아주 오랜 전부터 벼농사를 지어 왔다. 벼농사를 하는 농가는 많이 줄었지만 벼농사의 단위 면적당 생산량은 옛날보다 현재가 크게 늘어났다. 그 이유는 무엇일까?

과학 기술의 발달은 여러 분야에서 이루어지고 있다. 농업 분야에서는 작물들의 다양한 정보를 수집하여 더 좋은 품종을 개발하기 위한 연구가 계속되고 있다. 그 예로 현재의 벼는 과거에 비해 품종이 우수하고 병충해에 강하여 더 많은 쌀을 생산할 수 있다. 이처럼 품종 개량은 작물이나 가축의 우수한 유전적 특성을 유지하거나 개량하여 더 나은 품종을 육성·보급하는 농업 기술이다.

작물에 돌연변이를 이용하여 새로운 품종을 얻거나 인공 수정을 하여 더 나은 품종을 만드는 것도 품종 개량에 해당한다.

우리나라의 벼 품종 개량

우리나라에서 생산되는 벼 중에서 품종 개량 사례의 대표적인 품종은 통일벼이다. 통일벼는 2개의 인디카품종과 1개의 자포니카품종의 장점을 결합하여 만들었다.

1970년대에 통일벼가 도입된 후, 쌀의 생산량이 크게 늘어나게 되었다. 1977년에는 600만

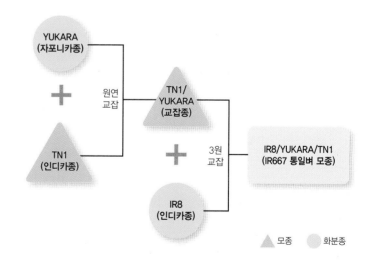

| 통일벼의 탄생

톤 가량의 쌀을 생산할 수 있었고, 쌀의 자급률이 100%를 넘어 쌀의 완전 자급자족 시대가 열렸다.

	인디카(열대)	자포니카(온대)	통일벼
	• 키가 크고 생산량이 많다. • 쌀알이 길고 부스러지기 쉽다. • 밥을 지으면 찰기가 적다.	• 키가 작다 • 쌀알이 작고 단단하다. • 밥을 지으면 찰기가 많고, 밥맛이 좋다.	• 다른 품종에 비해 생산량이 30% 정도 많다. • 병충해에 강하지만, 저온에 약하다. • 밥맛이 자포니카에 비해 떨어진다.

하지만 통일벼는 저온에 약하고 찰기가 적어 우리나라 사람들의 입맛에 잘 맞지 않았다. 1980년대 이후에는 통일벼가 과다하게 생산되고, 농민들도 기존의 품종을 찾는 등 통일벼의 인기는 날로 줄어들었다. 이에 통일벼를 대체하기 위해 병충해에 강하고, 저온에 잘 견디며, 밥맛이 좋은 다양한 품종들을 개발해 왔다. 현재 우리

| 벼는 우리의 입맛에 맞게 품종 개량이 끊임없이 진행되고 있다.

나라에서는 추정벼, 주남벼, 동진1호, 일미벼 등을 재배하고 있다.

최근에는 소비자들의 식습관 변화로 쌀의 소비량이 크게 줄어들고 있어 지금은 남는 쌀을 이용한 다양한 가공 식품을 개발하려는 노력이 계속되고 있다.

돌연변이

돌연변이를 이용하는 방법도 품종 개량에 해당된다. 돌연변이란 특정 생물의 DNA가 갑자기 변화되고, 이것이 자손에게까지 전달되는 현상을 말한다. 돌연변이를 이용한 대표적인 품종 개량 사례는 장미의 색깔 변화이다. 이미 성장한 장미를 방사선(감마선)에 노출시

| 돌연변이로 만든 파란 색깔의 장미

| 돌연변이로 만든 무지개 빛깔의 장미

켜 유전자에 돌연변이를 일으킨다. 이 장미로부터 종자를 얻어 키우면 파란색, 다홍색, 파스텔 색 등 다양한 색깔의 장미를 얻을 수 있다. 장미의 일반적인 특성은 그대로 유지하고 색깔만 변화시켜서 다양한 색깔의 장미를 즐길 수 있게 되었다.

인공 수정

인공 수정란이란 우수한 형질을 가진 수컷의 정자를 채취하여 암컷의 자궁에 인위적으로 주입하여 수정하는 방법이다. 이러한 방법은 주로 소나 돼지와 같은 가축의 품종 개량 방법으로 많이 활용하고 있다.

돼지의 경우 육질이 부드럽고 고기의 맛이 좋은 우수한 특성을 가진 수컷 돼지를 씨돼지로 길러서, 이 씨돼지의 정

| 씨돼지

자를 추출한다. 추출된 정자는 급속 냉각되어 특정 장소에 보관하고, 정자가 필요한 농가에 보급하게 된다.

이처럼 씨돼지를 활용하면 우수한 형질을 그대로 물려받을 수 있고, 질병에 강하면서 고기의 맛도 좋은 돼지를 얻을 수 있다. 그리고 이러한 방법은 소를 비롯한 다른 가축에게도 그대로 적용할 수 있다.

| 씨수소

08 생물 정화 기술

바다에서 선박에 의한 기름 유출 사고, 공장의 폐수 무단 방류 등 인간의 부주의로 인해 환경은 오염되고 있다. 한번 오염된 환경을 회복하기 위해서는 많은 시간과 비용이 필요하고, 이 과정에서 또 다른 환경오염이 유발되기도 한다. 그렇다면 환경에 피해를 주지 않으면서 자연 스스로 정화하는 방법은 없을까?

생물 정화 기술이란 식물·미생물·박테리아 등을 활용하여 자연 스스로가 환경 오염으로부터 회복되는 기술을 뜻한다. 이 기술을 이용하면 환경에 피해를 주지 않으면서, 자연 스스로 정화할 수 있는 기회를 제공할 수 있다.

식물을 이용한 중금속 제거

토양이 중금속에 오염되면 그곳에 뿌리를 내리고 사는 식물이 1차 피해를 입고, 식물을 먹는 동물이나 인간이 2차 피해를 입는다. 오염된 토양을 정화하기 위해 토양을 세척하거나 특수 약물을 뿌리는 방법 등이 활용되고 있으나 비용이 많이 드는 단점이 있다. 하지만 일부 식물들을 이용하면 토양의 중금속을 효과적으로 제거할 수 있다. 예를 들면 해바라기, 유채, 담배, 옥수수 등은 양분을 빨아들이면서 흙 속의 중금속을 흡착하는 역할을 한다.

특히 해바라기의 경우 폐탄광이나 체르노빌 원자력 발전소의 사고로 오염된 지역에 활용될 정도로 중금속 제거 능력이 뛰어나다. 해바라기는 칼륨을 흡수하는 능력이 있는데,

| 해바라기

| 포플러

칼륨을 흡수하면서 우라늄·납·비소와 같은 다른 중금속들을 함께 흡수하여 오염된 토양의 중금속을 제거한다. 그리고 포플러도 중금속 제거 능력이 우수하여 이 나무가 심어진 땅은 일반 토양보다 카드뮴과 납, 아연 등의 중금속이 매우 적게 나온다. 이러한 식물을 이용한 정화 방법은 토양 오염을 극복하기 위한 새로운 대안으로 떠오르고 있다.

EM을 이용한 흙공

EM(Effective Microorganisms)이란 유용한 미생물군의 약자로 광합성 세균, 유산균, 효모균 등 유용한 미생물 수 십 종으로 구성된 복합 미생물이다. 이 EM으로 만든 흙공을 이용하여 오염된 하천이나 강을 정화시킬 수 있다. 이때 EM 흙공은 EM 원액에 황토, 발효촉진제를 섞어 만드는데, 이것을 1~3주 동안 그늘진 곳에서 발효시킨 후 하천에 넣으면 흙공의 미생물이 하천을 정화하는 데 도움을 준다. 최근 환경 단체를 중심으로 하천이나 강을 정화하기 위해 EM 흙공을 많이 활용하고 있다.

| EM을 활용한 흙공 만들기

썩는 플라스틱

플라스틱은 견고하면서도 가볍고 저렴하여 우리 생활에서 가장 많이 쓰이는 재료 중 하나이다. 하지만 플라스틱은 썩는 데 100년 이상이 걸리기 때문에 환경 오염의 주범이기도 하다. 이러한 플라스틱을 미생물의 체내에 있는 고분자 폴리에스테르를 합성하여 바이오 플라스틱을 만들면 토양 중의 세균에 의해 쉽게 분해될 수 있다. 기존의 플라스틱이 석유에서 원료를 얻었다

| 바이오 플라스틱으로 만든 콜라 병

면, 바이오 플라스틱은 옥수수, 식물성 기름 등에서 원료를 추출하여 만든다. 음료 회사인 코카 콜라는 세계 최초로 PET 병 대신에 바이오 플라스틱 용기로 대체했는데, 전체 PET 병 원료 중 30%를 식물에서 추출한 생분해성 플라스틱을 이용하여 만들고 있다. 그리고

미국의 토마토 케첩 회사인 하인즈와 자동차 회사인 포드는 공동으로 토마토 껍질을 이용한 바이오 플라스틱 개발에 대한 연구에 착수했다고 발표했다. 토마토 껍질을 원료로 만든 바이오 플라스틱은 앞으로 자동차에 들어갈 각종 플라스틱 부품을 대체할 예정이라고 한다.

ThinkGen
하루 동안 내가 쓰는 플라스틱의 양과 종류를 이야기해 보자. 그리고 플라스틱 사용을 줄이기 위해 실천할 수 있는 방안을 생각해 보자.

식물을 이용한 공기 정화

식물의 가장 대표적인 기능은 공기 정화 기능이다. 식물은 호흡을 하면서 공기 중의 오염 물질을 흡수하고, 이 오염 물질을 뿌리의 토양 속으로 전달하게 된다. 특히 공기 정화 식물로 유명한 산세비에리아, 관음죽, 행운목 등은 실내 공기 중의 각종 유해 물질을 정화해 줌으로써 실내 공기를 깨끗하게 만들어 준다. 이러한 공기 정화 식물은 오랜 시간 우주선 안에서만 생활해야 하는 우주인을 위해 우주선 안의 공기를 정화할 목적으로 미국항공우주국(NASA)에서도 많은 연구가 이루어지고 있다.

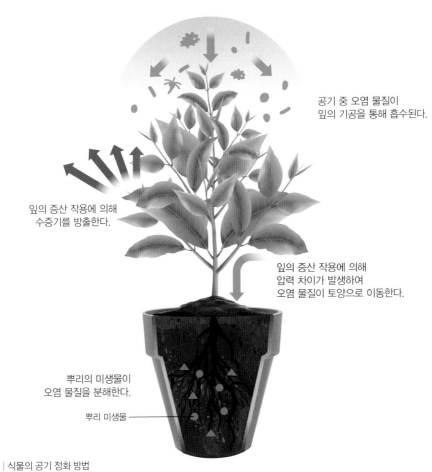

공기 중 오염 물질이 잎의 기공을 통해 흡수된다.

잎의 증산 작용에 의해 수증기를 방출한다.

잎의 증산 작용에 의해 압력 차이가 발생하여 오염 물질이 토양으로 이동한다.

뿌리의 미생물이 오염 물질을 분해한다.

뿌리 미생물

| 식물의 공기 정화 방법

공기 정화 식물

| **산세비에리아** 아프리카, 인도가 원산지로 새집 증후군을 막고, 음이온을 발생시켜 해로운 전자파를 막아 준다.

| **행운목** 아프리카가 원산지인 관엽 식물로 미세 먼지를 잘 흡수한다.

| **관음죽** 중국 남부가 원산지로 암모니아 가스를 잘 흡수하여 화장실의 냄새 제거에 효과적이다.

토론 유전자 재조합 식품은 안심하고 먹어도 될까?

우리의 식탁에는 이미 많은 유전자 재조합 식품들이 올라오고 있다. 그러나 이러한 식품의 안전성 등에 대해서는 찬성과 반대하는 사람들의 논란이 뜨겁다.

유전자 재조합 식품에 찬성하는 사람들은 병충해에 대한 피해가 적어서 수확량이 늘어나고, 이 때문에 농약을 살포하는 횟수가 감소하여 환경 보호에 효과가 있다고 말한다. 반면, 유전자 재조합 식품에 반대하는 사람들은 아직 그 유해성이 검증되지도 않았고, 유전자가 비슷한 다른 생물에게 전이되어 또 다른 피해가 생길 것을 우려하고 있다. 아울러 다국적 기업과 특정 국가에 의해 식량이 독점될 수 있다는 우려도 제기하고 있다.

1 단계 유전자 재조합 식품이 주는 좋은 점과 문제점에 대한 생각을 마인드맵으로 그려 보자.

유전자 재조합 식품

 2 단계 현재 많은 사람이 유전자 재조합 식품을 먹고 있는 것에 대한 자신의 생각을 정리해 보자.

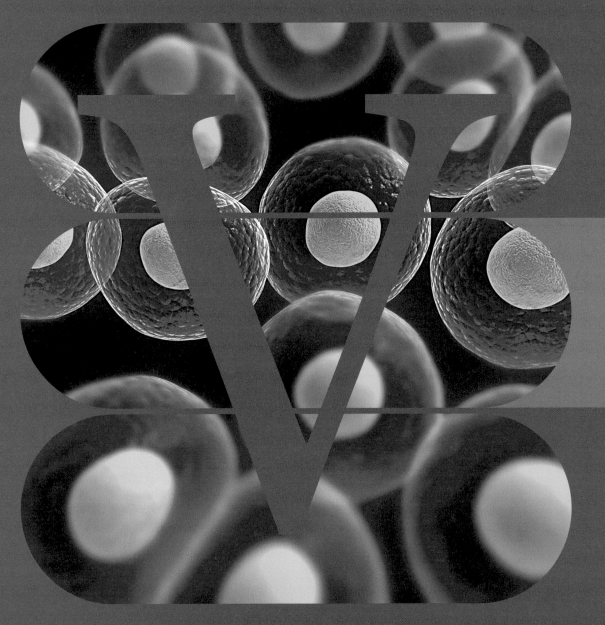

생명 기술은 인간이 걸릴 수 있는 질병을 극복하고 나아가 생명을 연장할 수 있도록 도움을 주기도 하지만, 또 다른 부작용을 낳기도 합니다. 더불어 인간과 동물의 생명을 다루기 때문에 윤리적인 문제로부터 자유로울 수 없습니다.

이 단원에서는 생명 기술의 미래와 지켜야 할 윤리 문제를 살펴봄으로써, 생명 기술이 나아가야 할 방안을 생각해 보겠습니다.

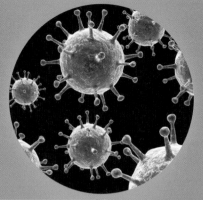

생명 기술의
미래와 윤리

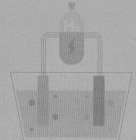

01 줄기 세포

인간의 신체는 여러 종류의 세포로 구성되어 있다. 이러한 세포들은 우리의 몸을 구성하며, 장기를 움직이게 하고, 뇌 기능을 활성화시켜 준다. 그렇다면 피부, 장기, 뼈 등은 어떻게 만들어질까?

인간의 생명은 정자와 난자가 결합하여 하나의 수정란을 만들면서 시작되는데, 이 수정란(세포)이 분열하여 숫자가 점점 늘어나면서 뼈와 피부, 각종 장기, 혈관 등이 형성되어 완전한 생명체로 성장하게 된다. 이렇게 여러 종류의 신체 조직으로 분화할 수 있는 세포를 줄기 세포라고 한다. 끊임없이 자체 재생하는 줄기 세포는 크게 성체 줄기 세포와 배아 줄기 세포로 구분할 수 있다.

성체 줄기 세포는 특정 조직으로만 분화되는 세포로 예를 들면, 골수 세포는 피를 만들고 피부 줄기 세포는 피부 세포로만 분화되도록 정해진 세포이다. 성체 줄기 세포는 분화가 안정적이어서 암세포의 가능성이 없고, 수정란을 활용하지 않기 때문에 윤리적으로도 문제가 되지 않는다. 그러나 이 세포는 신체의 각 조직에 극히 소량만이 존재하며, 얻을

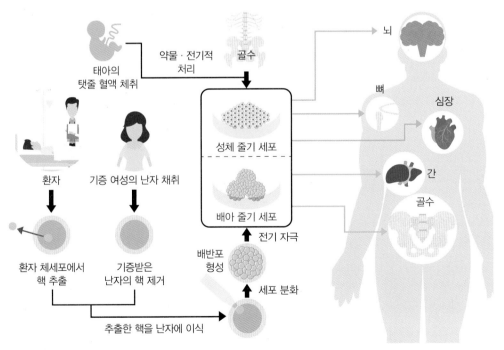

| 줄기 세포를 이용한 치료

수 있는 줄기 세포의 수도 적고, 면역 거부 때문에 기증이나 공여도 안 되고, 배양이 어려운 단점이 있다.

_{생물체를 인위적인 방법으로 증식시키는 일}

이에 비해 배아 줄기 세포는 다양한 종류의 세포로 분화할 수 있는 가능성을 가진 만능 세포이다. 이론적으로 상처를 입거나 특정 장기가 손상되었을 때 배아 줄기 세포를 원하는 조직으로 분화시켜 상처를 재생할 수 있다. 대량으로 증식이 가능하며 면역 거부 반응이 거의 없다. 그렇지만 수정란을 이용하므로 윤리적인 문제가 발생할 수 있다.

_{인체에 타인의 조직이나 장기가 들어왔을 때 침입자로 여겨 공격하는 반응}

그러나 배아 줄기 세포는 화상 환자의 피부 재생, 손상된 장기의 복원, 머리카락의 재생, 난치병의 치료 등 다양한 분야에 활용할 수 있어서 활발한 연구가 이루어지고 있다.

❶ 지방 세포로부터 줄기 세포를 분리한다. ❷ 줄기 세포를 본연의 단백질로 활성화시킨다. ❸ 활성화된 줄기 세포를 두피에 주사한다. ❹ 머리카락이 새로 자란다.

| 줄기 세포를 이용한 머리카락의 재생

아하 그렇구나

제대혈이란?

제대혈은 산모가 출산할 때 탯줄에서 나오는 혈액을 뜻한다. 이것은 혈액을 구성하고 있는 백혈구·적혈구·혈소판 등 조혈 줄기 세포가 많이 함유되어 있어서 백혈병이나 희귀성 혈액병을 치료하는 데 유용하게 쓰일 수 있다. 또, 여러 장기의 조직을 재생할 수 있어서 세계 각국에서 활발한 연구가 이루어지고 있다. 최근 우리나라에서도 일부 산모들이 태아의 제대혈을 제대혈 은행에 보관하여 아이가 성장하면서 발생할 수 있는 질병에 대비하고 있다.

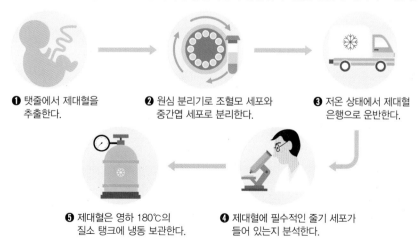

❶ 탯줄에서 제대혈을 추출한다. ❷ 원심 분리기로 조혈모 세포와 중간엽 세포로 분리한다. ❸ 저온 상태에서 제대혈 은행으로 운반한다.

❺ 제대혈은 영하 180℃의 질소 탱크에 냉동 보관한다. ❹ 제대혈에 필수적인 줄기 세포가 들어 있는지 분석한다.

| 제대혈의 수집 과정

02 바이오칩

 여름철에는 무더운 날씨로 인하여 음식들이 상하기 쉽다. 우리는 냉장고에서 오랫동안 보관한 음식이 상한 것은 아닌지 고민해 본 경험이 있을 것이다. 이럴 때 식중독을 측정할 수 있는 기기가 있다면 이러한 고민을 간단히 해결할 수 있지 않을까?

 대부분의 사람들이 종합병원에서 특정 질병에 대한 진단을 받기 위해서는 많은 비용과 오랜 시간이 걸린다. 그리고 난치병의 경우 조기 진단이 어려운 경우가 많다. 만일 빠른 시간에 환자의 질병을 찾을 수만 있다면 치료 확률도 높아질 것이고, 비용도 그만큼 줄어들 것이다. 이러한 상황을 해결할 수 있는 생명 기술로 바이오칩이 있다.

전기 회로로 구성되어 있는 판

 바이오칩은 정보 통신 기술과 생명 기술이 융합된 형태로, 작은 반도체 기판 위에 단백질 · DNA · 세포 등과 같은 생체 유기물을 조합하여 반도체 칩 형태로 만들어 질병을 진단하거나 유전적 정보 등을 파악할 수 있게 한 생물학적 반도체를 말한다.

 바이오칩은 암이나 난치병과 같은 질병을 조기 진단하거나 식품에 들어 있는 유해한 독소를 파악하는 데 유용하게 활용되고 있다. 특히 임상 진단 분야에서는 이미 암이나 에이즈(AIDS) 등을 일으키는 유전자 돌연변이를 검출하여 진단할 수 있는 바이오칩이 개발되어 있다. 더 나아가 바이오칩이 대중화된다면 근처의 편의점에서 바이오칩을 구입하여 자신의 건강 상태를 직접 진단할 수 있는 시대가 올 것으로 예측된다.

 바이오칩은 사람의 몸에 이식하여 활용될 수도 있다. 아주 작은 크기의 바이오칩을 인체 어딘가에 삽입하여 혈압 · 맥박 · 혈액 정보 등의 건강 상태를 실시간으로 의사에게 전송하여 진단받을 수도 있을 것이다. 또, 치료가 필요한 장기에 바이오칩

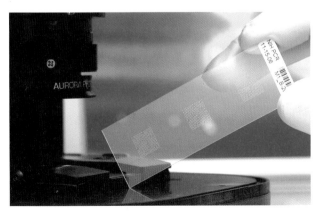

| 바이오칩

ThinkGen
질병의 진단용으로 바이오칩을 활용했을 때의 장단점을 생각해 보자.

을 이식하여, 질병 정보를 수집하거나 치료할 수도 있을 것이다.

바이오칩의 한 종류로 랩온어칩(Lab on a Chip)이 있다. 이 칩은 '하나의 칩 위에 실험실을 올려놓았다.'라는 뜻으로, 손톱만한 크기의 칩으로 연구실에서 할 수 있는 실험을 가능하게 하는 장치이다. 이를테면 아주 적은 양의 혈액이나 샘플만 있으면 연구실에서나 할 수 있는 특정 화학·생물 실험들을 신속하게 진행할 수 있다. 랩온어칩은 현재 생명 공학, 환경 등 다양한 분야에서 진단 및 분석 장치로 활용되고 있다. 그러나 영화에서처럼 바이오칩을 무단으로 인체에 이식하여 위치나 개인 정보를 빼돌리는 데 사용된다거나 인간을 통제하기 위한 목적으로 이용될 수 있는 등의 부작용이 제기되고 있다. 따라서 바이오칩의 이용에 관한 윤리적 또는 법적 장치의 마련이 필요하다.

랩온어칩 실험실 등에서 할 수 있는 연구·분석에 필요한 여러 가지 장치들을 마이크로 기계 가공 기술을 이용하여 손톱만한 크기의 칩 위에 집적시킨 화학 마이크로 프로세서이다.

아하 그렇구나

영화 '트랜센던스'

2014년에 개봉되었던 SF 영화 '트랜센던스'에서는 생명 기술과 인간의 본질을 다루고 있다. 이 영화는 인공지능연구소가 무장 단체의 습격을 받으면서 시작된다. 영화 속 주인공 캐스터는 무장 단체의 괴한이 쏜 총알이 몸에 스쳤는데, 이 총알에는 맹독성 방사능 물질이 묻어 있어서 5주의 시한부 선고를 받게 된다.

캐스터의 연인 에블린은 그를 살리기 위해 실험 단계에 있던 뇌 스캔 기술을 이용하여 천재 과학자 캐스터의 뇌를 스캔하여 슈퍼컴퓨터 트랜센던스에 업로드한다. 캐스터는 컴퓨터를 통해 의식이 되살아나게 되고, 몇 년의 연구 끝에 바이오칩을 개발하여 시각 장애인의 눈을 뜨게 하는 등 신적인 능력을 발휘한다. 이 영화는 인간의 본질·사랑·기술의 발전과 윤리 등에 대해 흥미롭게 이야기하고 있다.

영화 '트랜센던스'의 한 장면

03 바이오 장기

    몸속의 장기가 심하게 손상된 환자에게 유일한 치료 방법은 장기 이식일 것이다. 하지만 이식할 장기가 충분하지 않다면, 첨단 기술로 장기를 만들어 낼 수는 없을까?

    생명 공학 기술을 이용하여 인간의 장기인 심장, 간, 폐, 뼈, 피부, 혈관 등을 인공적으로 만든 것을 바이오 장기라고 한다. 바이오 장기를 얻기 위한 방법 중 하나로 동물의 장기를 인간의 장기로 대체하기 위한 연구가 활발히 이루어지고 있다.

    일반적으로 동물의 장기를 사람의 몸에 이식하면 인체에서는 면역 거부 반응이 일어나 혈액이 응고되어 생명을 잃게 된다. 하지만 바이오 장기로 가장 많이 활용되는 돼지의 장기는 인간의 장기와 크기가 비슷하고, 유전적 특성 또한 인간과 비슷하기 때문에 면역 거부 반응이 다른 동물들에 비해 비교적 적게 일어난다. 그리고 최근에는 면역 거부 반응 유전자를 제거한 돼지를 개발하여 바이오 장기를 얻고 있다.

ThinkGen
바이오 장기를 얻기 위해 돼지를 활용했을 때 어떤 윤리적인 문제가 있을지 이야기해 보자.

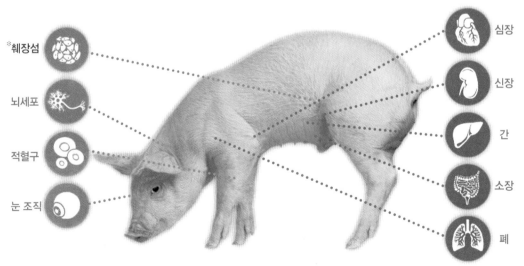

| 돼지로부터 얻을 수 있는 장기들

*
  췌장섬 인슐린을 분비하는 척추동물의 이자 안에 흩어져 있는 내분비샘 조직이다.

아하
그렇구나

인공 장기란?

인공 장기는 인간의 장기를 대체하기 위하여 기계적·전기적 장치를 통해 만들어 낸 장기를 의미한다. 예를 들어 간단하게 잇몸에 인공 치아를 이식하는 임플란트도 인공 장기라고 할 수 있다.

가장 대표적인 인공 장기는 인공 심장이다. 인공 심장은 스크루와 같은 프로펠러를 돌려 혈액을 순환시키는데, 전기에 의해 작동된다. 아직은 인공 심장을 만드는 기술력이 부족하여 인간의 심장을 완전히 대체하기보다는 심장 이식을 기다리는 환자들에게 보조적인 수단으로 활용되고 있다. 그리고 인공 장기에 쓰이는 재료나 부품은 각각의 수명이 있으므로 정기적으로 검사를 받아야 하며, 특정 부품이 고장날 경우 다시 이식하거나 수리를 받아야 한다. 또한 내구력과 복원력에서 인간의 장기를 따라가기에는 아직 기술력이 부족한 실정이다.

│ 인공 심장과 인간의 심장 비교

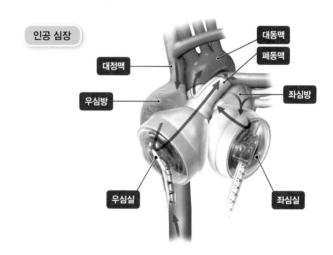

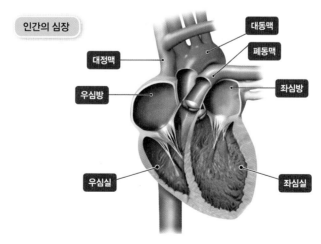

ㅇ4 슈퍼 바이러스

2020년 코로나19의 등장은 우리의 삶을 송두리째 바꾸어 놓았다. 사회적 거리두기가 시행되면서 재택근무, 화상회의, 원격수업 등 비대면이 새로운 일상이 되었다. 또한 코로나19가 변이를 거듭하면서 감염력을 높이거나 기존 백신의 효과를 떨어뜨리고 있다. 더불어 코로나19 치료로 항생제를 광범위하게 사용함에 따라 항생제 남용으로 인한 슈퍼 바이러스 등장이 우려되고 있다.

세상에 페니실린이 나오기 전까지 인류는 천연두 · 홍역 · 폐렴 · 패혈증 · 감기 등 바이러스에 의해 쉽게 감염되고 목숨까지 잃는 경우가 많았다. 다행히 페니실린의 발견으로 인간의 수명은 획기적으로 연장되었다. 하지만 페니실린과 같은 항생제의 남용은 페니실린에 내성을 가진 새로운 바이러스의 탄생을 가져왔다. 인류는 이에 맞서 메티실린(methicillin)이라는 항생제를 개발하였지만, 1970년대 메티실린에 내성을 보이는 메타실린 내성 황색포도상구균(MRSA)가 등장하였다. 그러자 인류는 더 강력한 항생제인 반코마이신(vancomycin)을 개발하여 대항하였는데, 1996년 일본에서 이 반코마이신에 내성을 가진 슈퍼 바이러스 '반코마이신 내성 황색포도상구균(VRSA)'이 발견되었다.

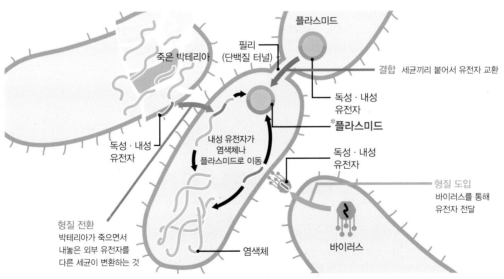

| 변종 혹은 슈퍼 박테리아의 생성 과정 박테리아는 서로 유전자를 주고받으면서 변신하는데, 이때 박테리아가 유전자를 교환하는 방법에는 결합, 형질 도입, 형질 전환 등이 있다.

*
플라스미드(plasmid) 염색체와는 별개로 존재하며 자율적으로 증식하는 유전자이다.

이처럼 인간이 더 센 항생제를 개발하고 사용하는 이상 바이러스는 이에 대항하기 위해 내성을 가진 다른 형태의 바이러스로 진화를 계속한다. 이렇게 인류가 항생제로 대처하지 못하는 바이러스를 슈퍼 바이러스라고 한다.

질문이요 박테리아와 바이러스의 차이점은 무엇일까?

- 박테리아 : 스스로 에너지와 단백질을 만들며 생존하는 세균을 의미한다.

  예 탄저균, 페스트, MRSA 등

- 바이러스 : 세포에 기생하고, 세포 안에서만 증식이 가능한 비세포성 생물이다.

  예 조류 인플루엔자, 에이즈, 에볼라 등

슈퍼 바이러스의 전파

슈퍼 바이러스는 바이러스 간에 항생제에 내성을 지닌 유전자가 전달되면서 발생한다. 이것은 항생제에 노출되어 죽은 바이러스의 내성 유전자가 다른 바이러스로 전이되어 플라스미드와 결합하여 전혀 다른 바이러스로 바뀌게 되는 것이다. 이 바이러스는 신속하게 복제되기 때문에 확산 속도는 매우 빠르다.

이러한 슈퍼 바이러스는 특정 환자의 몸에 침투하여 내성을 가진 내성 바이러스가 되어 보호자 · 다른 환자 · 의료진 등으로 전파된다. 이중 일부는 자가 면역에 의해 살아남지만, 독성이 강한 경우 일부 사망하기도 한다. 슈퍼 바이러스에 감염된 환자가 발생하면 반드시 환자를 격리하여 치료해야 한다.

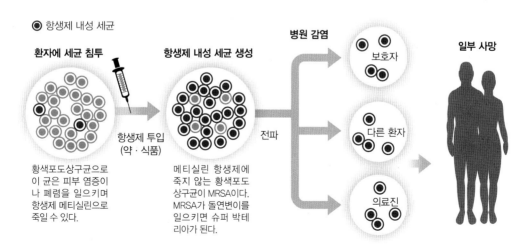

슈퍼 박테리아 감염 경로

슈퍼 바이러스 예방법

슈퍼 바이러스를 예방하기 위해서는 다음과 같은 점을 주의해야 한다.

첫째, 무분별한 항생제의 남용을 억제해야 한다. 병원에서는 감기 초기 증세임에도 항생제를 처방해 주고 있다. 감기 초기에는 항생제가 감기를 잘 낫게 하지만, 몸에서 점차 내성이 생기게 되면 감기가 잘 치료되지 않는다. 이런 이유로 점점 더 강력한 항생제를 사용하다 보면 우리 몸은 항생제 자체에 대한 내성이 생겨 추후에는 다른 병이 걸렸을 때 바이러스에 쉽게 감염될 수 있다.

둘째, 사용하고 남은 항생제를 처리하는 시설이 필요하다. 가정에서 먹고 남은 항생제를 하수도를 통해 버리면, 하수 처리장에서 이 항생제들은 다른 바이러스들과 결합하여 또 다른 형태의 내성을 가진 바이러스를 만들어 낸다. 현재 항생제를 약국에서 일부 수거하고 있으나, 일반인들에게는 그에 대한 인식이 매우 부족한 실정이므로 항생제 수거에 관해 많은 홍보를 해야 한다.

셋째, 가축 사육을 위해 무분별하게 사용하고 있는 항생제의 사용을 자제해야 한다. 항생제를 투여 받은 가축들은 내성이 생겨 특정 전염병에는 매우 취약해진다. 우리나라에서는 무항생제 인증 표시를 통해 농축산물을 키울 때 항생제 사용을 자제할 것을 장려하고 있다.

| 무항생제 인증 표시

세계보건기구(WHO)는 슈퍼 바이러스를 전쟁보다 무서운 재앙이라고 규정하고, 항생제 내성에 대한 감시 기구를 설치하여 항생제의 오·남용을 방지하기 위하여 노력하고 있다.

| 가축의 사료에는 많은 항생제가 포함되어 있는데, 항생제 남용이 문제가 되고 있다. 가축의 사료에 사용되는 항생제 30종 가운데, 18종이 사람에게 항생제 내성 박테리아를 전염시킨다고 한다. 이런 가축을 음식으로 먹다보면 사람들이 각종 질병에 걸렸을 때 치료가 어렵거나 치료가 안 될 수도 있다.

에볼라 바이러스란?

에볼라 바이러스는 1976년에 아프리카의 수단과 콩고 민주공화국 북부의 에볼라강에서
유래했으며, 치사율이 50%가 넘을 정도로 치명적이다. 이 바이러스에 감염되면 10~20일
간의 잠복기를 거쳐 열·구토·설사 등이 나타나며, 더 지속되면 내출혈·저혈압·장기 손
상 등으로 사망하게 된다. 에볼라 바이러스는 아프리카를 중심으로 확산되고 있으며, 2015
년 5월을 기준으로 사망자가 11,000명에 달한다. 현재까지 자연 숙주 및 감염 경로가 명확
히 밝혀지지 않아 추가 연구가 필요한 상태이다.

기생물의 기생 대상이 되는 생물

조류 독감이란?

조류 독감은 닭, 오리와 같은 조류에 서식하는 인플루엔자 바이러스에 의한 전염병이다. 조
류의 배설물로 인체에 전염되고 있으며, 1997년 5월 홍콩에서 처음으로 발견되었다. 당시
3세의 어린아이가 독감에 걸려 사망하였는데, 이때 변종 N5N1 바이러스가 발견되었다.

조류 인플루엔자 바이러스는 주로 조류와의 접촉이나 공기로 전파되어 많은 사람이 목
숨을 잃었다. 더구나 이 조류 인플루엔자가 사람과 사람 사이에서 전염을 일
으킬 수 있는 가능성이 제기되고 있어, 슈퍼 바이러스의 출현이 우려되고
있다.

| 조류 독감은 철새에 의해 국경과 상관없이 전파되고 있다.

05 식물 공장

식물은 기후 변화나 주변 환경에 영향을 많이 받는다. 즉 태풍이 강하게 몰아치거나, 심각한 이상 기온 현상이 발생하면 채소나 곡물이 제대로 자라지 못해서 식량 부족 현상이 일어날 수 있다. 이런 현상에 대비해서 식물을 안정적으로 공급할 방법은 없을까?

식물 공장(Plant Factory)은 실내 공간에 빛, 물, 양분 등 식물이 자랄 수 있는 환경을 인위적으로 제공하여 기후 변화에 영향을 받지 않고 농산물을 생산할 수 있는 시스템이다.

ThinkGen
식물 공장에서 재배하기 좋은 식물들을 조사해 보자.

식물 공장의 장점으로는 첫째, 도시 근교 또는 도심 속에서 농산물을 생산할 수 있어서 수요자에게 신선한 상태로 즉시 공급할 수 있다. 둘째, 날씨에 영향을 받지 않아서 연중 생산이 가능하다. 셋째, 병충해가 발생하면 즉각적으로 파악하여 이에 따른 대응을 할 수 있다. 그러나 식물 공장은 모든 시설을 인공적으로 만들어야 하기 때문에 시설비가 많이 드는 단점이 있다.

식물 공장에서 식물의 생육 환경에 가장 많은 영향을 미치는 요소는 빛이다. 좁은 공간에 많은 식물을 키우기 위해 다층 재배를 하고 있어서 태양광을 이용할 경우, 충분한 광량을 확보하기 힘들다. 또,

| **다층 재배 중인 식물 공장** 이곳에서는 다양한 식물을 재배하여 소비자에게 바로 공급할 수 있다. 식물 공장은 면적당 생산량이 매우 높을 뿐만 아니라, 원하는 대로 환경을 통제하면서 계획에 맞추어 식물을 생산할 수 있다.

기존의 고압 나트륨 램프, 할로겐 램프 등을 이용할 경우 열 발생이 많아, 식물이 고온 피해를 입을 가능성이 있다.

| 식물에 따라 다른 색상의 LED를 이용한다.

이와 같은 문제를 해결할 수 있는 것이 LED 이다. LED는 전력 소모가 적고, 열이 거의 발생하지 않으며, 크기도 작아 다층 재배에 쉽게 적용할 수 있다. 그리고 LED는 파장의 폭이 작고 단색광이므로 식물 재배에 유용하게 활용할 수 있다. 특정 단색광을 활용하면 광합성을 촉진하거나 꽃이 피는 시기 등을 조절할 수 있다. 식물 공장에서는 주로 적색, 청색의 두 가지 파장대를 주로 사용한다.

아하 그렇구나

빛의 세기나 파장이 광합성에 끼치는 영향은?

빛의 세기는 광합성에 많은 영향을 끼친다. 이산화 탄소의 농도와 온도가 일정한 경우 빛의 세기가 증가하면 광합성의 양도 증가하지만, 어느 정도 강한 빛이 되면 광포화 상태가 되어 더 이상 광합성의 양이 증가하지 않는다. 여기서 보상점은 이산화 탄소 흡수량과 방출량이 같은 시점으로, 식물 생장에서는 보상점 이상의 강한 빛이 요구된다. 식물 공장에서도 광포화점에 이를 수 있을 때까지 빛의 세기를 강하게 해 줄 필요가 있다.

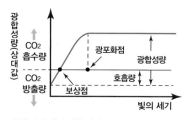

| 빛의 세기와 광합성량

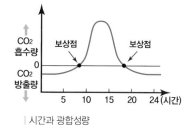

| 시간과 광합성량

빛의 세기와 함께 빛의 파장도 식물의 광합성에 많은 영향을 끼친다. 엽록소 a, 엽록소 b는 적색광(650~680nm)과 청색광(435~450nm)을 가장 많이 흡수하고, 녹색광과 황색광은 거의 흡수하지 않는다. 즉 식물 공장에서 재배되는 작물들은 적색광과 청색광을 비춰 주었을 때 가장 효과적으로 광합성을 할 수 있다.

엽록소가 가장 잘 흡수하는 파장의 빛에서 광합성이 가장 활발하다.

엽록소 a의 흡수 스펙트럼

작용 스펙트럼

엽록소 b의 흡수 스펙트럼

빛 흡수율(상대값)

400   500   600   700 파장(nm)

엽록소에 잘 흡수되지 않는 녹색광이 반사되어 식물의 잎이 녹색으로 보인다.

06 나노 생명 기술

최초의 컴퓨터인 에니악은 몸체가 교실보다 훨씬 큰 크기였으나, 현재의 컴퓨터는 스틱 PC처럼 손가락만한 크기도 등장하였다. 이는 제품이 점점 소형화되어 좁은 기판 위에 많은 부품을 올려 둘 수 있어서 가능하게 된 것이다. 이러한 제품들은 어떻게 만들어졌을까?

눈에 보이지 않을 정도로 작은 센서, 반도체, 섬유 등이 여러 산업 분야에서 이용되고 있는데, 이러한 기술을 나노 기술이라고 한다.

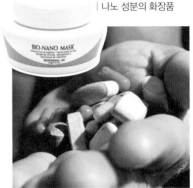

| 나노 성분의 화장품

| 나노 기술을 이용한 신약 개발

'나노(Nano)'는 난쟁이를 뜻하는 고대 그리스 어 '나노스(nanos)'에서 따온 말로 1nm(나노미터)는 10억분의 1m를 의미한다. 여기서 1nm는 머리카락 굵기의 10만분의 1 정도의 아주 작은 크기이다.

나노 기술은 신약을 개발하거나 질병을 치료하기 위한 목적으로 다양하게 활용되고 있다. 특히 정보 기술(IT)과 융합되어 바이오 센서, 바이오칩, 바이오 바코드 등에 활용하여
_{제품의 관리를 컴퓨터로 처리할 수 있도록 제품에 표시해 놓은 막대 모양의 기호}
질병을 진단하거나 치료하는 데 쓰이고 있다. 또, 나노 기술은 화장품을 만들거나 생명 기술 분야에서도 많이 활용되고 있다. 나노 생명 기술이란 원자 크기의 아주 작은 재료나 소자를 개발하여 인간의 생명 현상을 연구하고 관련 제품을 만들어 내는 활동이다.

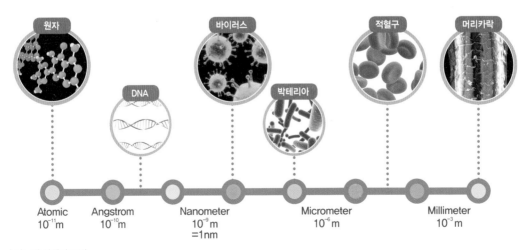

| 나노의 상대적 크기

나노 생명 기술을 가장 많이 활용할 수 있는 분야는 로봇이다. 나노 로봇은 원자나 분자 단위의 아주 작은 로봇으로 그 역할은 무궁무진하다.

수술용 나노 로봇을 사람의 혈관 속으로 투입하여 손상된 부위를 찾아 정확하게 치료하거나 혈관 속을 돌아다니며 지방이나 혈전을 제거함으로써 혈액이 잘 순환되지 않아서 생

ⓐ 생물체의 혈관 속에서 피가 굳어서 된 조그마한 핏덩이

기는 고혈압, 뇌출혈 등의 질환을 예방할 수 있다. 또한 나노 로봇은 질병을 조기에 발견할 수 있기 때문에 암세포 등의 확산을 방지할 수도 있다.

나노 로봇에 대한 연구는 아직 초기 단계에 있지만, 실현될 경우 인간의 생명을 획기적으로 연장시킬 수 있을 것으로 예측된다. 그러나 나노 로봇이 본래의 목적 외에 범죄나 기타 다른 목적으로 이용될 경우에는 심각한 사회적 문제를 초래할 수 있다. 이를테면 나노 로봇이 눈에 보이지 않기 때문에 사생활을 침해하거나, 다른 사람의 생명을 위협할 수도 있다. 그리고 빈부 격차에 따라 나노 기술의 혜택도 사람마다 다르게 적용될 수도 있기 때문에 이에 따른 사회적 대책과 지원이 요구된다.

| 혈관 속을 돌아다니며 치료하는 나노 로봇(상상도)

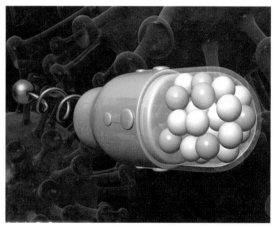

| 약품을 전달하는 나노 로봇(상상도)

질문이요 나노 로봇이 다양한 분야에서 적극 활용될 경우 발생할 수 있는 부작용에는 어떤 것이 있을까?

나노 로봇은 크기가 매우 작기 때문에 눈으로 관찰하기는 어렵다. 이러한 나노 로봇이 경쟁 회사에 침투하여 기밀문서나 주요 시설물을 촬영하고, 중요한 통화 내역을 녹음한다고 해도 쉽게 알 수가 없을 것이다. 또, 사람의 몸속에 몰래 침투하여 중요한 장기를 손상시키거나 바이러스를 확산시킬 수도 있고, 사람의 몸속에서 GPS 역할을 하여 개인의 위치를 추적하거나, 개인 사생활과 관련된 정보를 수집할 수도 있다.

07 생체 모방 기술

수영 경기에서 전신 수영복과 반신 수영복 중에서 어떤 수영복을 입은 선수들의 기록이 더 좋을까? 2000년 시드니 올림픽에서는 전신 수영복을 입은 선수들이 17개의 신기록을 세웠다. 이 선수들이 신기록을 세울 수 있었던 비결은 무엇일까?

이른 새벽이나 비가 내린 후 연잎을 자세히 살펴보면 물방울이 퍼지지 않고 동그랗게 맺혀 있는 모습을 볼 수 있다. 이를 전자 현미경으로 자세히 관찰하면 선인장 모양의 작은 돌기들을 볼 수 있는데, 이 돌기를 나노 돌기라고 한다. 나노 돌기는 물방울이 잎의 표면에 닿는 부분을 최소화시킨다. 즉 나노 돌기에 의해 물방울이 퍼지지 않고 동그랗게 맺히게 되는 것이다. 이러한 현상을 '연잎 효과'라고도 한다. 연잎 효과를 이용하면 방수가 되는 옷, 세차가 필요 없는 자동차, 스스로 세정하는 페인트, 물과 오물이 흡수되지 않는 페인트 개발 등이 가능하며 이외의 다양한 분야에도 적용할 수 있다.

이처럼 자연을 모방하는 기술을 생체 모방 기술이라고 한다. 생체 모방(biomimetic)은 생명을 의미하는 'bios'와 모방을 의미하는 'mimesis'의 그리스 어에서 나온 말로, 자연이나 생명체가 가지는 특성이나 형태를 적용하여 인간의 문제를 해결하는 것을 의미한다. 생체 모방은 제조 분야, 건축 분야, 의료 분야 등 다양한 분야에서 활용되고 있다.

| 연잎의 돌기에 맺힌 물방울

| 물방울이 퍼지지 않는 연잎

전신 수영복

　얼마 전까지 많은 수영 선수들은 움직임을 방해하지 않고 몸에 최소한으로 착용할 수 있는 수영복을 선호했다. 하지만 최첨단 기술이 적용된 전신 수영복은 이러한 편견을 깨고, 경기 기록을 단축시키는 데 큰 도움을 주었다.

　전신 수영복은 100% 폴리우레탄 소재로 만드는데, 이는 물보다 가볍고 방수성이 우수하다. 여기서 약간의 부력을 얻을 수 있기 때문에, 피로도를 줄일 수 있어서 발로 물을 찰 때 더 많은 힘을 쓸 수 있다.

　전신 수영복은 상어 비늘 모양을 본뜬 삼각형 형태의 리블렛을 활용한다. 리블렛은 작은 돌기 모양이고, 이는 표면에서 물이 쉽게 흐를 수 있게 하여 표면 저항을 줄여 주는 역할을 한다. 따라서 수영을 할 때 발생하는 물의 소용돌이는 리블렛에 의해 최소한의 면

상어 비늘 리블렛

소용돌이가 표면에 닿지 않고 돌기 끝에서 밀려난다.

| 리블렛 효과

적에만 영향을 미쳐 표면 저항을 줄여 주는 것이다. 이러한 장점 때문에 많은 수영 선수가 전신 수영복을 착용하게 되었다. 그러나 각종 수영 대회에서 신기록이 속출하고 전신 수영복은 공정해야 할 스포츠의 정신과 맞지 않다는 논란이 계속되었다. 그러자 세계수영연맹(FINA)은 2010년부터 선수들의 전신 수영복과 같은 첨단 수영복 착용을 제한하여 그 길이를 남자의 경우는 허리에서 무릎까지, 여자의 경우는 어깨에서 무릎까지만 허용하고 있다.

| 전신 수영복을 입은 수영 선수

벌집 구조

생체 모방 기술은 건축 분야에서도 살펴볼 수 있는데, 벌집의 육각기둥을 활용한 사례가 가장 대표적이다.

꿀벌이 사는 벌집을 자세히 살펴보면 정육각형으로 이루어져 있다. 삼각형·사각형·원형 등 다양한 모양이 있는데, 벌집은 왜 정육각형 모양일까? 그 이유는 바로 공간의 효율성과 안정성 때문이다. 원형으로 벌집을 만들 경우, 원과 원이 만나는 지점마다 빈 공간이 생기기 때문에 비효율적이다.

또, 삼각형이나 사각형으로 만들 경우 빈 공간을 줄일 수 있으나, 삼각형은 공간이 좁고 많은 재료를 필요로 하며, 사각형의 경우에는 외부에서 가해지는 힘에 약할 수 있다. 반대로 육각형 구조는 외부에서 힘이 가해졌을 때, 이 힘을 분산시켜 강한 힘에도 잘 견딜 수 있다. 이러한 벌집 구조를 활용한 사례로 서울에 세워진 높이 70m에 달하는 '어반 하이브'가 있다. 이 건물은 건물 내부에 기둥이 하나도 없고, 구멍 뚫린 콘크리트만으로 지어졌다. 어떻게 이런 일이 가능할까?

그 이유는 철근을 정밀하게 엮어 육각형으로 만든 벌집 구조를 활용했기 때문이다. 이 벌집 구조는 하중을 효과적으로 분산시켜 주고, 건물을 안정성 있게 유지해 준다. 또한 초고속 열차(KTX)에도 활용되었는데, 만일 사고로 KTX가 충돌할 경우를 대비하여 맨 앞부분을 벌집 구조로 만들었다. 그 이유는 충격이 발생할 경우, 앞부분의 벌집 구조에서 충격량의 80%를 흡수하여 승객과 차량을 어느 정도 보호하기 위함이다.

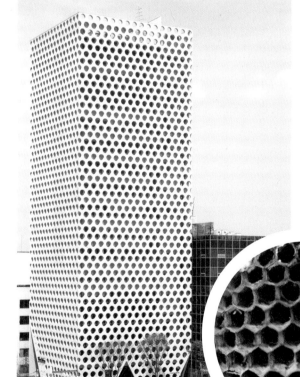

| 어반 하이브 | 벌집 구조

게코도마뱀

게코도마뱀은 벽이나 천장을 자유자재로 이동할 수 있다. 중력이 작용하고 있는데 어떻게 벽이나 천장에 매달려서 이동할 수 있을까?

그 비밀은 게코도마뱀의 발바닥에 숨겨져 있다.

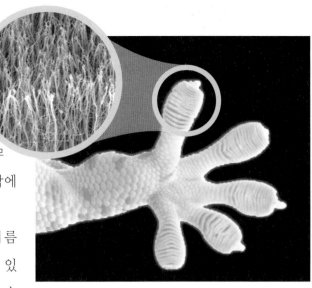

| 섬모

게코도마뱀의 발바닥에는 지름 5~10μm의 강모가 100만 개 이상 있는데, 그 끝은 주름 모양의 섬모가 수백 개로 갈려져 있다. 이 섬모와 벽 사이에는 '반데르발스 힘'이 작용한다. 이 힘은 원자, 분자 그리고 표면 간의 인력을 의미한다.

↳ 1μm는 1미터의 100만분의 1

| 게코도마뱀의 발바닥

섬모 1개의 힘은 아주 약하지만, 수백 개가 모이면 게코도마뱀의 무게를 버틸 수 있는 강한 힘이 된다. 과학자들은 나노 기술을 이용하여 인위적으로 섬모를 만들어 수평력에 매우 강한 테이프를 만들기도 했다.

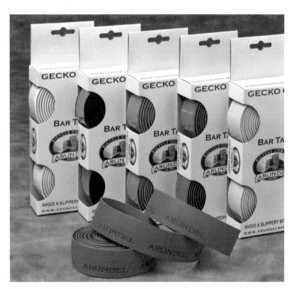

| 게코도마뱀 발바닥의 원리를 이용한 테이프

아하 그렇구나

반데르발스 힘이란?

분자를 이루고 있는 양성자는 (+)성질, 전자는 (−)성질을 가지고 있다. 양성자와 전자의 수가 동일하면 전기적으로 중성을 띠게 되는데, 특정 상황에서 양성자와 전자의 수가 일치하지 않아 어떤 극성을 가지게 된다. 이때 일시적으로 주변에 전기장을 형성하게 되는데, 이를 '반데르발스 힘'이라고 한다.

| **도꼬마리 열매** 갈고리 같은 가시가 있어서 다른 물체에 잘 달라붙는다.

| **벨크로 테이프** 도꼬마리 열매의 잘 달라붙는 성질을 모방하여 일명 '찍찍이'라고 불리는 벨크로 테이프를 만들었다.

| **벨크로 테이프 확대 사진**

생체 모방 기술

물총새의 뾰족한 부리

일본의 신칸센 열차 물총새의 뾰족한 부리는 공기의 저항을 줄여 주는 역할을 하는데, 신칸센 열차의 앞부분은 이를 본떠서 만들었다.

토론 나노 기술의 득과 실은 무엇일까?

나노 기술은 매우 작은 재료나 부품을 이용하여 인간에게 유용한 제품을 만드는 기술이다. 바이러스 크기의 로봇을 만들어 사람의 몸속에 들어가 질병을 치료하거나 예방하고, 아주 작은 컴퓨터를 만들어 우리가 사용하는 모든 물건에 활용하여 우리의 삶을 매우 편리하게 해 줄 것이다. 또, 나노 기술은 철보다 강도가 매우 높은 탄소 섬유 등 각종 신소재를 만드는 데 이용되기도 한다.

그러나 발전하는 나노 기술에는 부작용도 있다. 나노 기술로 만든 로봇은 크기가 매우 작기 때문에 사람의 눈으로는 보이지 않으면서, 우리 몸속에 쉽게 침투할 수 있다. 매우 작은 로봇이 특정 인간을 항시 감시하도록 하여 사생활이 노출되거나 범죄의 표적이 될 수도 있다. 또, 공격용 로봇이 사람을 쉽게 공격할 수도 있고 나노로 만들어진 제품에서 나온 입자나 가스가 우리 몸속에 쉽게 들어와 질병을 유발하거나 장애를 불러올 수 있다. 또, 최근 많이 활용되고 있는 은나노 세제는 세탁 과정에서 오수로 방류되어 은나노의 은이온이 물속에 사는 생물뿐만 아니라 땅속의 농작물에도 많은 유해한 영향을 주고 있음이 밝혀졌다.

| 매우 작은 나노 로봇은 인간에게 득이 될 수도, 해가 될 수도 있다.

1 단계 나날이 발전하는 나노 기술이 우리 사회 전반에 어떻게 활용되고 있는지 마인드맵을 그려 보자.

 2 단계 나노 기술은 어떤 면에서 인간에게 득이 되고, 해가 되는지 자신의 생각을 정리해 보자.

친환경·생명기술 과 관련된 직업을 알아보아요

대체 에너지 개발 연구원

하는 일 화석 에너지의 사용을 줄이고 온실가스 배출을 낮추어 줄이는 기술을 연구한다. 또, 태양열·태양광·조력·풍력·지열 등 다양한 대체 에너지를 효율적으로 사용하기 위한 방안을 연구하고 있으며, 연구의 생성, 진행, 완료까지의 전반적인 프로세스를 관리한다.

관련 학과 전자공학과, 물리학과, 환경공학과, 전자재료공학과, 에너지공학과 등

환경 공학 기술자

하는 일 다양한 공학 원리를 이용하여 대기 환경, 수질 환경, 폐기물 환경, 토양 환경, 해양 환경 등 환경 문제를 해결하기 위한 시험·분석·연구를 수행한다. 이를 통해 환경 시설 설계, 공정 개발 및 기술적 관리 방안을 마련하고 환경 시설의 시공과 운영 등을 포함한 환경 관련 업무를 감독하는 일을 한다.

관련 학과 환경학과, 환경공학과, 화학공학과, 환경시스템공학과, 해양환경공학과, 바이오환경과, 보건환경과, 환경공학과, 환경관리과 등

환경 컨설턴트

하는 일 기업이나 공공 기관에서 환경 문제를 진단하고 이에 따른 대비를 강구하는 역할을 한다. 각종 건물 등을 새로 지을 때 발생하는 환경적인 문제점이나, 환경에 미치는 영향을 고려하여 적절한 정책 의견을 제시한다. 장기적인 도시 계획과 환경 계획을 수립한다.

관련 학과 화학공학과, 화학과, 환경공학과 등

생명 공학 연구원

하는 일 미생물, 동식물, 사람 등을 실제적으로 연구하며, 이를 통해 인간에게 가치 있는 산물을 만들어 내는 연구를 한다. 핵이식, 조직 배양, 유전자 재조합 등 새로운 기술을 적용하고, 이를 보다 쉽게 하기 위한 다양한 응용 기술들을 개발한다. 생명체의 특성을 이용하여 환경 오염 방지 대책이나 의약품 등을 개발하기도 한다.

관련 학과 생명공학과, 생명과학과, 생명자원학과, 생물학과, 미생물학과 등

에너지 공학 기술자

하는 일 에너지에 관련된 대부분의 일을 계획, 설계, 조직하는 역할을 한다. 석탄이나 석유가 있을 만한 곳을 탐사하거나, 이를 이용하는 방안에 대한 계획을 세우고 실행한다. 또, 광물에 대한 경제성, 환경적 영향 등을 평가하는 일도 한다.

관련 학과 에너지자원공학과, 원자력공학과, 화학공학과 등

유전 공학 연구원

하는 일 유전자를 인위적으로 재조합하여 새로운 품종을 개발하거나 인간에게 필요한 의약품, 식품, 공업용 원료 등을 만들기 위한 연구를 한다. 또한 인체를 포함하여 동식물, 세포, 미생물 등 다양한 생명체를 다루고 생명체의 특성을 규명하는 일을 한다.

관련 학과 생명과학과, 유전공학과, 생물학과, 생명자원학과 등

재료 공학 기술자

하는 일 산업 분야에 사용되는 금속을 비롯한 비금속 재료, 세라믹 재료, 반도체 재료, 복합 재료 등을 처리 및 제조하는 현장에서 관련된 일을 지휘·감독하며, 이러한 과정에서 사용되는 각종 재료의 특성을 연구하고 개발하는 일을 한다.

관련 학과 금속공학과, 신소재공학과, 재료공학과, 세라믹공학과, 제철금속과 등

바이오 에너지 연구원

하는 일 바이오매스(동식물성 자원 및 그 파생 물질)로부터 열화학적 또는 생물학적 기술에 의해 에너지 및 연료를 생산하기 위한 연구를 수행한다. 쓰레기 매립지, 축산 분뇨, 유기성 폐기물 등을 발효시켜서 매립 가스와 바이오 가스를 생성하는 방법을 연구하고 개발하는 일을 한다.

관련 학과 미생물학과, 환경공학과, 유전공학과, 생명과학과 등

참고 문헌 및 참고 사이트

참고 문헌

김은기, 손에 잡히는 바이오 토크, 디아스포라, 2015.

김정태 · 홍성욱, 적정 기술이란 무엇인가, 살림, 2011.

김종민 외, 말뫼의 눈물 그리고 강원도, 강원발전연구원, 2013.

나눔과 기술, 적정 기술, 허원미디어, 2013.

마티아스 호르크스, 테크놀로지의 종말, 21세기 북스, 2009.

마틴 티틀 · 킴벌리 윌슨, 먹지 마세요 GMO, 미지북스, 2009.

미래를 준비하는 기술교사 모임, 테크놀로지의 세계 1, 2, 3, 랜덤하우스코리아, 2010.

박영숙 외, 유엔 미래 보고서 2040, 교보문고, 2013.

서갑양, 나노 기술의 이해, 서울대학교 출판문화원, 2011.

이경선, 국경 없는 과학기술자들, 뜨인돌, 2013.

이인식, 나노 기술이 세상을 바꾼다, 고즈원, 2010.

제레미 리프킨, 엔트로피, 세종연구원, 2015.

조원용, 건축, 생활 속에 스며들다, 씽크스마트, 2013.

체험활동을 통한 기술교육연구모임, 테크놀로지의 세계 플러스 1, 2, 알에이치코리아, 2012.

참고 사이트

국가나노기술정책센터 http://www.nnpc.re.kr

국가핵융합연구소 http://www.nfri.re.kr

국제에너지기구 http://www.iea.org

기상청 http://www.kma.go.kr

시화호 조력 발전소 http://tlight.kwater.or.kr

워크넷 http://www.work.go.kr

유엔개발계획 http://www.undp.org

커리어넷 http://www.career.go.kr

한국미래기술교육연구원 http://www.kecft.or.kr

한국수력원자력 http://www.khnp.co.kr

한국에너지공단 http://www.energy.or.kr

한국에너지공단 신재생에너지센터 http://www.knrec.or.kr

한국에너지기술연구원 http://www.kier.re.kr

한국에너지기술평가원 http://www.ketep.re.kr

한국풍력산업협회 http://www.kweia.or.kr

해양바이오에너지 생산기술개발연구센터 http://www.mbe.re.kr

이미지 출처

한 눈에 보이는 친환경 · 생명 기술의 역사

현미경 게티이미지뱅크
페니실린 http://botit.botany.wisc.edu/toms_fungi/images/pen-staph2.jpg
굴뚝 매연, 댐 아이클릭아트
토마토 게티이미지뱅크
복제 양 돌리 http://4.bp.blogspot.com/-TF1oKpQac1o/UvF1rQrwall/AAAAAAAABll/waUn3G1637M/s1600/dolly.jpg
베드제드 마을 http://www.ecobase21.net/Bonsexemplesdudd/Urbanisme1.jpg
핵융합로 국가핵융합연구소(http://www.nfri.re.kr)
생명다양성 로고 http://conservationforpeople.org/cree-named-united-nations-international-year-of-biodiversity-partner
조력 발전소 K-water(http://tlight.kwater.or.kr)
태양광 선박 http://www.arch2o.com/wp-content/uploads/2012/11/Arch2O-Planet-Solar-Boat9.jpg
마스다르 http://www.bustler.net/index.php/article/masdar_plaza_oasis_of_the_future
DNA 구조 아이클릭아트

머리말 현미경 게티이미지뱅크
전구 아이클릭아트
차례 분리배출함, 생수, 물 아이클릭아트
태양광 자동차 http://k34.kn3.net/taringa/4/9/7/4/9/F/micho27/EE2.jpg
토마토 https://nicholaslobo.files.wordpress.com/2013/06/sprek_ill-genfood.jpg
물총새 https://ntnaturephotos.files.wordpress.com/2011/04/kingfisher_print_79_293.jpg

페트병 학교 http://hugitforward.org/wp-content/uploads/Get-Involved-1024x682.jpg

50쪽 라이프스트로우 http://www.mintpressnews.com/wp-content/uploads/2015/05/lifestraw-africa-003.jpg

사탕수수 찌꺼기 숯 https://theorganiccoach.files.wordpress.com/2011/06/100_0918.jpg

51쪽 압전 에너지 블록 정책브리핑(http://www.korea.kr)

52쪽 라이터 게티이미지뱅크

댄스 클럽 http://www.sustainabledanceclub.com/media/userfiles/images/Shell%20Eco%2006%20(small)(1).jpg

53쪽 신발의 압전 소자 http://cdn.instructables.com/F9U/KDYE/HUU1ET6F/F9UKDYEHUU1ET6F.LARGE.jpg

고시키사쿠라대교 http://blogs.c.yimg.jp/res/blog-ae-2a/tokyonightsightview/folder/1514318/21/60745521/img_8?1261709726

54쪽 베드제드 http://www.ecobase21.net/Bonsexemplesdudd/Urbanisme1.jpg

55쪽 ① https://angelanelbelpaese.files.wordpress.com/2014/05/img_09451.jpg

② https://uconnoep.files.wordpress.com/2012/07/tram.jpg

③ http://ais.badische-zeitung.de/piece/00/e4/ec/2e/15002670.jpg

56쪽 ① https://wearethecityheroes2013.files.wordpress.com/2014/06/curitiba-cambio-verde-2.jpg

② http://static.panoramio.com/photos/large/12242673.jpg

③ http://c40-production-images.s3.amazonaws.com/other_uploads/images/333_Curitiba_blog_post_3.original.jpeg?1438268392

57쪽 태양광 판넬 http://www.bustler.net/images/gallery/masdar_plaza_lava_09_medium.jpg

마스다르의 조감도 http://www.bustler.net/index.php/article/masdar_plaza_oasis_of_the_future

58쪽 ① http://cnyenergychallenge.org/wp-content/uploads/2015/01/offshore-wind2.jpg

② http://www.dit-soroe.dk/wp-content/uploads/2012/04/turning-torso.jpg

③ http://assets.inhabitat.com/wp-content/blogs.dir/1/files/2012/04/salogen_35_passive_house_1.jpg

58~59쪽 스웨덴 말뫼 http://www.urbangreenbluegrids.com/uploads/Solarsiedlung_im_Hintergrund_das_Sonnenschiff1-1300x650.jpg

60쪽 자전거 발전기 http://www.inhf.org/images/trails/BikeGeneratorImage%5B1%5D.jpg

61쪽 휴먼카 http://www.humancar.com/wp-content/uploads/2010/11/humancar-2.jpg

페달 펌프 http://www.technologyexchangelab.org/site/templates/upload/product/image/190_smmp%20banner%20740%20x%20400.jpg

62쪽 인간 동력 비행기 http://cnx.org/resources/7bdfe473aeb567836f7882695905a010

버스 사이클 http://www.bikeroute.com/BusycleWestCoast/BusycleMain.jpg

63쪽 생수병, 물 아이클릭아트

66쪽 지하댐 http://postfiles9.naver.net/data33/2008/7/19/120/2_jinsub0707.jpg?type=w2

67쪽 해수 담수화 두산중공업(http://m.doosan.com/common/img/intro/status1.jpg)

68쪽 지속가능발전 목표, 지속가능포털(http://ncsd.go.kr/unsdgs?content=2)

3부

70쪽 풍력 에너지, 태양광 판넬 아이클릭아트

71쪽 풍차, 댐, 옥수수 아이클릭아트

72쪽 전기 생산 풍차 http://static6.businessinsider.com/image/53343ac56bb3f77b1a12cef8/the-first-power-generating-wind-turbine-was-this-60-foot-monster.jpg

73쪽 수직축 풍력 발전기 http://www.sardegnausato.it/wp-content/uploads/2015/02/407614-583x396.jpg

수평축 풍력 발전기 아이클릭아트

74쪽 해상 풍력 발전소 http://energy.korea.com/ko/wp-content/

blogs.dir/2/files/2012/02/bandicam-2012-02-23-09-23-26-830.jpg

네덜란드 풍차 아이클릭아트

75쪽 풍력 발전기 아이클릭아트

77쪽 태양광 자동차 http://k34.kn3.net/taringa/4/9/7/4/9/F/micho27/EE2.jpg

태양광 비행기 http://cff1.greenatom.net/uploads/2015/01/solar_impulse2_2big.jpg

78쪽 태양광 선박 정면 http://gearpatrol.com/2012/05/17/in-depth-turanor-planetsolar

태양광 선박 측면 http://www.arch2o.com/wp-content/uploads/2012/11/Arch2O-Planet-Solar-Boat9.jpg

79쪽 태양광 판넬 아이클릭아트

80쪽 집열 타워 http://www.designboom.com/wp-content/uploads/2014/02/ivanpah-california-solar-power-station-designboom03.jpg

이반파 태양광 발전소 http://hsto.org/files/c03/bc1/864/c03bc1864e9b4a578a2f8bad33641c91.jpg

81쪽 태양열 난방 장치 아이클릭아트

태양열 조리기 http://2.bp.blogspot.com/-7d3MpYc6ooE/T_T0MKrtAdI/AAAAAAAAfGg/67aECjwgHnc/s1600/Tirupati_solar.jpg

82쪽 PSA 발전소 http://www.mechanicalengineeringblog.com/wp-content/uploads/2014/05/01-solar-powered-steam-engine.jpg

아인베니타마 발전소 http://www.utilities-me.com/pictures/gallery/ISCC.jpg

83쪽 라프리마 발전소 http://www.energynext.in/wp-content/uploads/2013/06/CSP-Parabolic-troughs.jpg

메가임피안토 발전소 http://anest-italia.it/wp-content/uploads/2014/11/tour5.jpg

84쪽 청평댐 아이클릭아트

87쪽 소수력 발전소 http://educenter.kcen.kr/USERFILES/djriver_0.bmp

88쪽 그랜드쿨리댐 http://i.ytimg.com/vi/BM2VxaPRZOY/maxresdefault.jpg

엘아타자댐 http://3.bp.blogspot.com/-xS9VRLFkXME/VH7ILA_8PrI/AAAAAAAAxTI/3KhiqgG3GYow/s1600/000.jpg

89쪽 로제렌드댐 http://img12.deviantart.net/3e47/i/2014/048/a/9/the_roselend_dam_by_virginie24jb-d76wwm8.jpg

모할래 댐 http://allafrica.com/download/pic/main/main/csiid/00101781:9a56028a2887bf3044760d4766c08501:arc614x376:w1200.jpg

90쪽 브라질 주유소의 가격표 http://images.forum-auto.com/mesimages/178817/FozE100.jpg

91쪽 온산 바이오 에너지 센터 http://cfile30.uf.tistory.com/R750x0/214D953B530F0DB32ADDFA

92쪽 우뭇가사리 국가자연사연구종합시스템(http://www.naris.go.kr/specIMG/8/13/12/1548512/JBRI-SA-0002384-02.JPG)

93쪽 게이저스 발전소 http://www.geysers.com/about.aspx

96쪽 시화호 조력 발전소 전경 K-water(http://tlight.kwater.or.kr)

96쪽 조력 방앗간 http://www.ssentinel.com/index.php/rivah/article/mathews_maritime_heritage_trail

97쪽 울돌목 시험 조류 발전소 한국해양과학기술원(http://www.kiost.ac)

100쪽 성형 고체 연료 http://article.sapub.org/image/10.5923.j.ijee.20120205.08_001.gif

103쪽 석탄 액화 과정 과학동아, 2008년 5월호

105쪽 수소 자동차 http://www.digitalworldtokyo.com/entryimages/2008/04/080430_Hydrogen_car.jpg

107쪽 핵융합로 국가핵융합연구소(http://www.nfri.re.kr)

109쪽 오로라 현상 http://fc01.deviantart.net/fs70/f/2013/290/7/f/aurora_surprise_by_torivarn-d6qsuny.jpg

110쪽 댐 아이클릭아트

4부

112쪽 실험하는 모습 아이클릭아트

113쪽 세포, 벼 아이클릭아트

토마토 게티이미지뱅크

114쪽 쌀, 의약품 아이클릭아트
젖소 게티이미지뱅크
공기 정화 식물 http://www.universalfloral.com/product/
sansevieria-zeylanica
115쪽 빵 아이클릭아트
현미경 게티이미지뱅크
116쪽 풍자 그림 http://public.media.smithsonianmag.com/legacy_
blog/NLMNLM11101395166148594.jpg
117쪽 페니실린 http://botit.botany.wisc.edu/toms_fungi/images/
pen-staph2.jpg
플레밍 https://bornonthesameday.files.wordpress.
com/2013/05/alexander-fleming.jpg
118쪽 회절 사진 https://classconnection.s3.amazonaws.com/308/
flashcards/1147308/png/x_ray_diffraction1330573254619.png
나선 구조 http://www.bryanterrill.com/wp-content/
uploads/2013/05/GiNA.jpg
유전 정보 https://onliving.files.wordpress.com/2013/05/
chromosome.jpg
119쪽 설명하는 책 안드라카 http://elvasomediolleno.guru/wp-
content/uploads/2015/06/jack-andraka-cancer.jpg
실험하는 책 안드라카 http://www.tedxsalford.co.uk/wp-
content/uploads/2014/07/Jack-Andraka.jpg
120쪽 치즈, 맥주 아이클릭아트
121쪽 이집트의 포도 재배 http://dsbiblecentre.org/image/winepress_
egiptAA.jpg
옹기 4개 게티이미지뱅크
장독대 아이클릭아트
122쪽 라씨 http://www.thepunekar.com/wp-content/uploads
/2015/05/Dry-fruit-lassi.jpg
츠케모노 http://www.lightning-ashe.com/wp-content/
uploads/2014/12/IMG_1080.jpg
낫또 아이클릭아트
스루스트뢰밍 http://www.thelocal.se/userdata/images/article/
9a62e439560fdb3f0efa09ecad45665ecc442c07ce8462c7436
bcf09d3d735f2.jpg
123쪽 메주, 간장, 고추장, 된장, 김치 아이클릭아트
125쪽 모종 아이클릭아트
126쪽 무추 http://cafe.naver.com/dogongnonsan/3529
포마토 http://www.luigikeynes.com/sites/default/files/field/
image/papas-tomates.jpg
127쪽 단일 클론 항체 https://speakingofresearch.files.wordpress.
com/2014/08/monoclonal-antibody-production-process.jpg
129쪽 돌리 http://4.bp.blogspot.com/-TF1oKpQac1o/UvF1rQrwall/
AAAAAAAABll/waUn3G1637M/s1600/dolly.jpg
스너피 http://msnbcmedia.msn.com/j/MSNBC/Components/
Photo/_new/101229-coslog-snuppy-930a.380;380;7;70;0.jpg
131쪽 사과 비교 http://www.ecowatch.com/wp-content/
uploads/2013/02/gmo.jpg
무르지 않는 토마토 https://nicholaslobo.files.wordpress.
com/2013/06/sprek_ill-genfood.jpg
134쪽 벼 아이클릭아트
파란 장미 https://insanithomo.files.wordpress.com/2013/06/
blue-rose-2099941.jpg
무지개 장미 http://1.bp.blogspot.com/-mHfLWvdtfUE/
UF7SKVDfpfI/AAAAAAAAABI/4r1sKbONxAg/s1600/
Rainbow-Rose21.jpg
135쪽 씨돼지 http://www.gospbc.co.uk/wp-content/uploads/2013/
03/Foston-Sambo-21-2@2006-06-28T180346.jpg
씨수소 http://cdn.hometop.us/images/cattlebreederbusinnes/
cow-breeding-bull-breeds-cow3872-x-2592-2316-kb-
jpeg-x.jpg
136쪽 해바라기, 포플러 아이클릭아트
137쪽 흙공 http://www.yalannanbaru.com/images/column
_1320734894/DSCN0581_resize.JPG
콜라 병 http://www.i-grafix.com/wp-content/uploads/2014
/01/coke_plant-bottle_860.jpg
139쪽 행운목 http://demostore.modularmerchant.com/images/
plants/JanetCraig.jpg
산세비에리아 아이클릭아트

관음죽 http://www.eurecaplants.com/wp-content/
uploads/2012/02/Rhapis-Excelsa-1.jpg
140쪽 실험하는 모습 게티이미지뱅크

5부

142쪽 세포 이미지 아이클릭아트
143쪽 바이러스 이미지, 벌집 구조 아이클릭아트
식물 공장 게티이미지뱅크
146쪽 바이오칩 http://globals.federallabs.org/images/success-
stories/Biochip2.jpg
147쪽 랩온어칩 http://ghosal.mech.northwestern.edu/CE_lab_on_
chip.jpg
영화 장면 http://www.eliteagenda.com/wp-content/
uploads/2014/08/transcendence2-1.jpg
148쪽 돼지 http://betweendrafts.com/wp-content/
uploads/2011/10/pigorgans.jpg
149쪽 인공 심장과 인간의 심장 http://www.jnmjournal.com/wp-
content/uploads/2014/03/Graphic_of_the_SynCardia_
temporary_Total_Artificial_Heart_beside_a_human_heart.jpg
152쪽 돼지, 닭 게티이미지뱅크
153쪽 철새 게티이미지뱅크
154쪽 식물 공장 http://www.aboundfarms.com/wp-content/
uploads/2015/02/indoor-farm-lettuce.jpg
식물 공장 확대 게티이미지뱅크
155쪽 LED를 이용한 식물 공장 http://www.independent.co.uk/
incoming/article9601842.ece/alternates/w620/LEDfarm.jpg
156쪽 나노 화장품 http://startedwithawebsite.com/bioagecosmetics.
com/new/media/catalog/product/cache/1/image/9df78eab33
525d08d6e5fb8d27136e95/b/i/bio_nano_mask.jpg
나노 신약 http://www.pharmafocusasia.com/images/
research_development/tablets.jpg
원자, DNA, 바이러스, 박테리아, 적혈구 아이클릭아트
머리카락 http://midwoodscience.org/sem/2012/
Image-20111102_000016.jpg
157쪽 혈관 치료 나노 로봇 http://www.explainingthefuture.com/
visions/immune_nanobot_800x450.jpg
약품 전달 나노 로봇 http://www.explainingthefuture.com/
visions/nano_pillbot_800x450.jpg
158쪽 연잎 게티이미지뱅크
연잎 돌기 물방울 http://scienceenvy.com/wp-content/
uploads/2015/04/1024px-Lotus2mq.jpg
159쪽 수영 선수 http://www.nasa.gov/images/content/266333main_
speedo3-3-hi.jpg
160쪽 어반 하이브 아르키움(http://www.archium.co.kr) · ⓒ박영채
벌집 구조 아이클릭아트
161쪽 게코도마뱀 http://b.fastcompany.net/multisite_files/codesign/
imagecache/1280/poster/2012/10/1671053-poster-1280-
umass-gecko-skin-tape-picture-451.jpg
섬모 http://www.azonano.com/images/Article_Images/
ImageForArticle_3168(1).jpg
테이프 http://cyclocrossracing-cdn.make-a-store.com/mas_
assets/cache/image/c/9/8/x600-3224.Jpg
162쪽 도꼬마리 http://www.asergeev.com/p/xl-2012-1107-21/
washington_the_brazos-burs_rough_cocklebur_xanthium_
strumarium.jpg
벨크로 테이프 http://www.homedepot.com/catalog/
productImages/1000/ed/ed6b3f3b-94ac-44fe-80df-
b0363aed19ac_1000.jpg
확대 사진 https://farm4.staticflickr.com/3778/11487563953
_5e844aa9fd_b_d.jpg
163쪽 물총새 https://ntnaturephotos.files.wordpress.com/2011/04/
kingfisher_print_79_293.jpg
신칸센 열차 http://flemmingytzen.files.wordpress.
com/2015/05/jr500_shinkansen_by_dragonslayero-d67ikco.jpg
164쪽 나노 로봇 http://www.explainingthefuture.com/visions/
nanobot_assembler_800x450.jpg

찾아보기

10대를 위한 기술선생님이 들려주는 궁금한
친환경·생명 **기술의 세계 ⑤**

초판 1쇄 발행   2016년 1월 5일
    6쇄 발행   2024년 6월 5일

지 은 이 | 이동국, 한승배, 오규찬, 오정훈, 심세용

발 행 인 | 신재석

발 행 처 | (주)삼양미디어

등록번호 | 제10-2285호

주   소 | 서울시 마포구 양화로 6길 9-28

전   화 | 02 335 3030

팩   스 | 02 335 2070

홈페이지 | www.samyang𝓜.com

I S B N | 978-89-5897-311-9 (44500)
        978-89-5897-309-6 (5권 세트)